现代职业教育综合改革示范项目配套教材

广东省佛山市现代学徒制试点系列成果

工业机器人智能装配 生产线装调与维护

主　编　杨绍忠

副主编　范景能　冯小童

参　编　罗动强　左　锋　李勇文

　　　　蔡康强　梁　佳　陈培茂

主　审　廉迎战

华中科技大学出版社

中国·武汉

内 容 简 介

本书是基于华数机器人 HSR-JR605 一轴组件智能装配生产线,结合生产线实际应用中的运行、工作站组装、生产线安装、应用编程、整线调试、维护保养等内容编写而成的。内容涵盖了智能仓库、减速机装配、点漆、SCARA 自动打螺丝、JR605 自动打螺丝、法兰装配、成品搬运等工作站相关知识,以及对 AGV 小车调试与应用、总控电柜组装调试的介绍。

本书结合机器人的典型应用,依据企业对工业机器人集成与应用的岗位技能要求,编写中既将各典型应用工作站单独集成应用,同时也将整机生产线系统集成应用,内容既独立又统一。本书的使用者要求有一定的机器人操作编程、PLC 技术、电气控制技术基础,并具备一定的操作技能。

本书可作为中高职院校机电、自动化、工业机器人技术、机器人应用与维护等专业的教材,同时也可作为工业机器人集成培训教材。

图书在版编目(CIP)数据

工业机器人智能装配生产线装调与维护/杨绍忠主编.—武汉:华中科技大学出版社,2018.8
(2023.1重印)

现代职业教育综合改革示范项目配套教材　广东省佛山市现代学徒制试点系列成果

ISBN 978-7-5680-4477-6

Ⅰ.①工⋯　Ⅱ.①杨⋯　Ⅲ.①工业机器人-安装-中等专业学校-教材　②工业机器人-调试方法-中等专业学校-教材　③工业机器人-维修-中等专业学校-教材　Ⅳ.①TP242.2

中国版本图书馆 CIP 数据核字(2018)第 176856 号

工业机器人智能装配生产线装调与维护　　　　　　　　　　　　　杨绍忠　主编
Gongye Jiqiren Zhineng Zhuangpei Shengchanxian Zhuangtiao yu Weihu

策划编辑:万亚军
责任编辑:邓　薇
封面设计:原色设计
责任监印:周治超

出版发行:华中科技大学出版社(中国·武汉)　　　　电话:(027)81321913
　　　　　武汉市东湖新技术开发区华工科技园　　　　邮编:430223

录　　排:武汉三月禾文化传播有限公司
印　　刷:广东虎彩云印刷有限公司
开　　本:787mm×1092mm　1/16
印　　张:13.25
字　　数:281千字
版　　次:2023年1月第1版第5次印刷
定　　价:49.80元

本书若有印装质量问题,请向出版社营销中心调换
全国免费服务热线:400-6679-118　竭诚为您服务
版权所有　侵权必究

前　　言

自 20 世纪 60 年代初第一台工业机器人问世到现在,短短 50 多年,工业机器人技术和周边配套应用快速发展,工业机器人系统在自动化、智能化、定制化生产制造领域得到广泛应用。目前,在汽车装配及零部件制造、机械加工、电子电气、橡胶及塑料、食品、木材与家具制造等行业中,工业机器人已大面积取代一线工人完成相关作业。随着工艺应用及系统集成技术发展,工业机器人不再只局限于简单的物料搬运、码垛拆垛、弧焊、点焊、喷涂、自动装配、数控加工、去毛刺、打磨、抛光等单一应用;复杂、复合工艺和恶劣工作环境下的工业机器人集成系统正在快速发展,特别融合了 MES(制造企业生产过程执行管理系统)的智能制造集成系统更是越来越受企业欢迎;同时,工业机器人的应用范围也不断扩大,核能、航空航天、医药、生化等高科技领域都在尝试采用工业机器人实现高端应用。可以说,在不久的将来,工业机器人将无处不在。

随着"工业 4.0"概念在德国的提出,以"智能工厂、智慧制造"为主导的第四次工业革命已经悄然来临。"工业 4.0"是一个高科技战略计划,制造业的基本模式将由集中式控制向分散式增强型控制转变,其目标是建立一个高度灵活的个性化和数字化的产品与服务的生产模式,而工业机器人作为自动化技术的集大成者,是"工业 4.0"的重要组成单元。同时,"中国制造 2025"提出了我国迈向制造强国的发展战略,以应对新一轮科技革命和产业变革。这一战略立足于我国转变经济发展方式实际需要,围绕创新驱动、智能转型、强化基础、绿色发展、人才为本等关键环节,以及先进制造、高端装备等重点领域,提出了加快制造业转型升级、提速增效的重大战略任务和重大政策举措,工业机器人将在其中发挥不可替代的作用。

工业机器人作为一种高科技集成装备,对专业人才有着多层次的需求,主要分为研发工程师、方案设计与应用工程师、调试工程师、操作及维护人员 4 个层次。对应于专业人才层次分布,工业机器人专业人才就业方向主要分为工业机器人本体研发和生产企业、工业机器人系统集成商,以及工业机器人应用企业。作为工业机器人应用人才培养的主体,职业院校应面向更多工业机器人系统集成商和工业机器人应用企业,培养工业机器人调试工程师、操作及维护人员,使学生具有扎实的工业机器人理论知识基础、熟练的工业机器人操作技能和丰富的工业机器人调试与维护经验。

本书主要以华数机器人 HSR-JR605 一轴组件智能装配生产线为平台,结合生产线实际应用中的运行、工作站组装、生产线安装、应用编程、整线调试、维护保养等内容进行编写。内容涵盖了智能仓库、减速机装配、点漆、SCARA 自动打螺丝、JR605 自动打螺丝、法兰装配、成品搬运等工作站相关知识,以及对 AGV 小车调试与应用、总控电柜组装调试的介绍。

本书以项目教学为基本,结合"一体化"教学模式进行开发。课程根据中高职学生的特点,寓教于做,并配套了相应的实训手册。通过实训手册的工作站任务书,学生能对整体工作站流程拆分、工业机器人与 PLC 自动控制系统整合等步骤进行上机操作,实现真正的"做中学,学中做"。

全书分为 11 个章节。其中,第 1 章主要讲述工业机器人的应用现状,对智能装配生产线运行流程及相关操作进行介绍,并引入整合生产线所需要的外部控制配置、编码/解码功能的讲解。第 2 章至第 8 章以生产线各工作站为案例,对工业机器人在实际应用中的设置与系统整合进行讲解,对机器人在外部协同操作、程序设置等技术进行详细分析。第 9 章至第 10 章对生产线所用到的倍速链、AGV 小车等进行分析,通过实际操作案例对倍速链、AGV 小车的日常操作与维护等进行讲解。第 11 章对总控电柜组装调试进行分析,通过局部—全局的整合,介绍工业机器人的装调与维护等方面的技术。根据生产线各工作站的应用要求,详细讲解各工作站所用到的机器人的协同操作、程序编写等知识,并与读者分享各工作站的参考程序。

本书定位于对工业机器人应用技术具有单机应用基础的读者,要求读者有一定的机器人操作编程、PLC 技术、电气控制技术基础,并具备一定的操作技能。在教学中,建议配合华数的智能装配生产线与多媒体使用。

本书由佛山南海信息技术学校杨绍忠老师担任主编,范景能、冯小童老师担任副主编;广东工业大学廉迎战教授担任主审;此外,参与编写的还有罗劲强、左锋、李勇文、蔡康强、梁佳、陈培茂等人。

本书在编写过程中,得到了佛山华数机器人有限公司、佛山智能装备技术研究院的鼎力支持,在此表示感谢。由于编者水平有限,书中难免存在不足和错漏之处,敬请读者批评指正。

编　者

2018 年 5 月

目　　录

第1章 工业机器人智能装配生产线

1.1 工业机器人智能装配生产线简介

1.1.1 工业机器人智能装配生产线应用背景

近年来,工业机器人发展迅速,已经从示范性应用逐步走向大规模推广,从而大幅度降低了制造过程对劳动力的依赖程度。我国是全球工业机器人产量和销售量增长最快的市场,据统计,2014 年我国工业机器人产量 12050 台,同比增长26.2%;销售量达到 5.7 万台,同比增长 55%;2012 年至 2014 年的复合增长率则高达 44.6%。2015 年我国工业机器人产量为 32996 台,增速为 21.7%;2017 年产量达到 13.1 万台,同比增长 68%。现阶段我国工业机器人主要集中在广东、江苏、上海、北京等地,这些城市的工业机器人拥有量占全国的一半以上。

未来我国的工业机器人产业及应用前景发展较为乐观。由于我国产业结构调整的大方针不断被落实,工业机器人的安装量将保持一个稳定的增长,并借助其在汽车领域中的良好应用,逐步拓展到其他行业。

工业机器人的应用范围越来越广,从原来主要应用的汽车制造行业到现在逐步推广到食品加工、包装、物流、金属加工、电子制造等各行各业。工业机器人应用人才的培养势在必行,针对工业机器人应用人才的培养,学校结合实际应用领域,进行了工业机器人智能装配生产线的建设,旨在深化培养工业机器人智能制造人才,助力"中国制造 2025"。

1.1.2 工业机器人生产线功能

本书所介绍的智能装配生产线是基于华数机器人 HSR-JR605 一轴组件实现自动化装配而设计的,可实现 HSR-JR605 机器人一轴底座、减速机、法兰和线缆套的自动化装配作业。图 1.1 所示为 HSR-JR605 机器人一轴示意图,

图1.2所示为 HSR-JR605 机器人一轴底座零件。

图 1.1　HSR-JR605 机器人一轴示意图

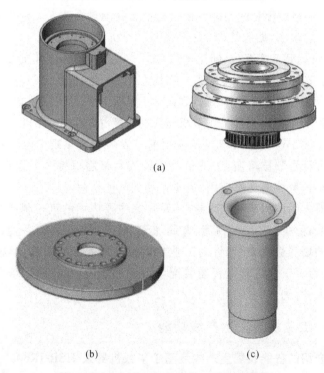

(a)

(b)　　　　　　　　　　(c)

图 1.2　HSR-JR605 机器人一轴底座零件
(a)减速机　(b)减速机法兰　(b)线缆套

同时,本生产线具备如下功能:

(1) 装配原材料智能自动存储、智能出库功能;

(2) AGV 物流系统智能配送功能;

(3) 物料自动夹取及装配功能;

(4) 自动打螺丝功能;

(5) 半成品多工位传送功能;

(6) 成品下料及入库检测功能。

本生产线配备 1 套总控系统,协调生产线各工作站间的动作,实现生产自动化。

1.1.3　工业机器人智能装配生产线基本组成

工业机器人智能装配生产线的基本组成如图 1.3 所示。生产线轴测图如图 1.4 所示。

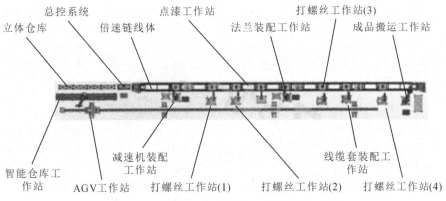

图 1.3　工业机器人智能装配生产线的基本组成

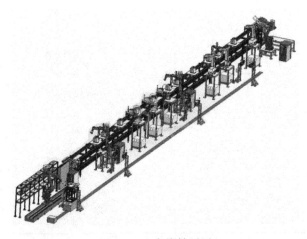

图 1.4　生产线轴测图

工业机器人智能装配生产线组成配置如表 1.1 所示。

表 1.1 工业机器人智能装配生产线组成配置

序号	工作站名称	主要组成	数量	工作站图片	功能
1	立体仓库	铝型材骨架	1套		负责存储装配原材料（减速机、减速机法兰、线缆套）
2	智能仓库工作站	HSR-JR630 机器人、地轨、机器人末端三功能夹具	1套		负责装配原材料出库，按总控要求把材料取至 AGV 小车上
3	AGV工作站	AGV 小车、AGV 路线磁条、AGV 离线充电站、物料架、AGV 二次定位机构	1套		AGV 小车负责装配原材料物流配送，把要装配的原材料运送至各装配工位
4	减速机装配工作站	HSR-JR612 机器人、机器人末端夹具、零件暂存台、机器人底座	1套		负责从 AGV 小车上把减速机取到暂存台，并对减速机组件进行装配
5	法兰装配工作站	HSR-JR612 机器人、机器人末端夹具、零件暂存台、机器人底座	1套		负责从 AGV 小车上把法兰组件取到暂存台，并对法兰组件进行装配
6	线缆套装配工作站	HSR-JR605 机器人、机器人末端夹具、零件暂存台、机器人底座	1套		负责从 AGV 小车上把线缆套取到暂存台，并对线缆套进行装配

续表

序号	工作站名称	主要组成	数量	工作站图片	功能
7	倍速链线体	双层组装线、线首升降机、线末升降机、顶升定位机、压紧机构、阻挡器和工装板等	1套		负责各个装配工位的物料移载和装配顶升定位，把成品输送至线尾
8	打螺丝工作站(1)(2)	HSR-SR6600机器人、吹钉式丝供料机、机器人末端螺丝拧紧模组、机器人底座	2套		负责工件的螺丝上料与螺丝拧紧工序
9	打螺丝工作站(3)(4)	HSR-JR605机器人、吹钉式螺丝供料机、机器人末端螺丝拧紧模组、机器人底座	2套		负责工件的螺丝上料与螺丝拧紧工序
10	点漆工作站	HSR-SR6600机器人、点漆用油性笔、机器人底座	1套		负责减速机紧固螺丝拧紧后的点漆工序
11	成品搬运工作站	HSR-JR630机器人、机器人末端夹具、成品暂存台、机器人底座	1套		负责装配成品下料，把倍速链输送过来的成品按要求搬运至成品暂存台
12	总控系统	电气控制系统	1套		负责生产线整线逻辑控制及监控

1.2 工业机器人智能装配生产线运行流程

基于华数机器人 HSR-JR605 一轴的工业机器人智能装配生产线运行流程如图 1.5 所示。

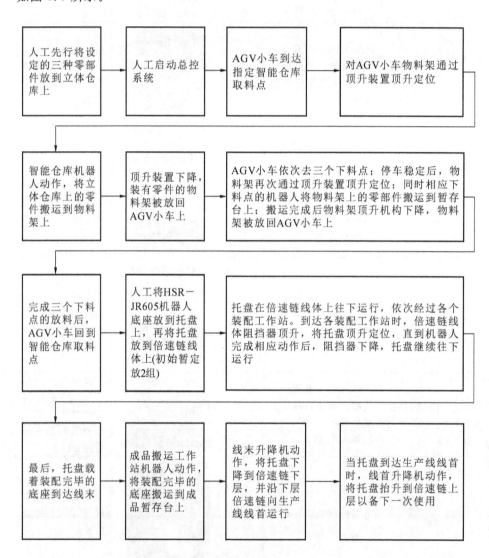

图 1.5 工业机器人智能装配生产线运行流程

1.3　工业机器人智能装配生产线相关操作

1.3.1　工业机器人智能装配生产线开机

1.控制系统电源操作流程

（1）如图1.6所示，将墙壁上1♯、2♯和3♯配电箱所有断路器合闸，同时确保所有机器人控制柜插头插进墙壁上的插线板。

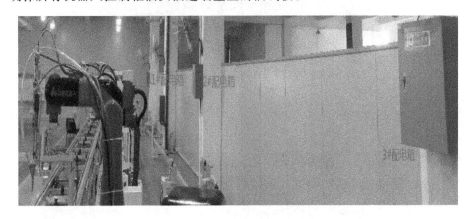

图1.6　1♯、2♯和3♯配电箱位置

本生产线控制系统电源由墙壁上3个配电箱提供：

1♯配电箱给仓库机器人、减速机装配工作站HSR-JR612机器人、打螺丝工作站（1）HSR-SR6600机器人控制柜供电；

2♯配电箱给总控电柜和倍速链线体控制柜供电；

3♯配电箱给打螺丝工作站（2）HSR-SR6600机器人、点漆HSR-SR6600机器人、减速机法兰装配工作站HSR-JR612机器人、打螺丝工作站（3）HSR-JR605机器人、线缆套装配工作站HSR-JR605机器人、打螺丝工作站（4）HSR-JR605机器人、成品搬运工作站HSR-JR630机器人控制柜供电。

（2）将10台机器人控制柜内的QF1断路器合闸，面板上带钥匙转换开关（电源开关）转换至"1"挡位，观察到白色电源指示灯亮，如图1.7所示。

（注：电源开关"1"挡位为开，"0"挡位为关。）

（3）将斜台总控电柜内所有断路器合闸，再将倍速链控制柜内所有断路器合闸，如图1.8所示。

图 1.7　机器人控制柜电源

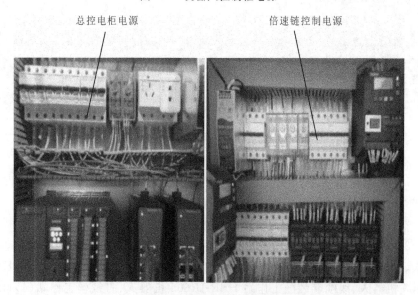

图 1.8　斜台总控电柜与倍速链控制柜电源

（4）将 AGV 小车电源转换开关转换至"ON"挡位后，AGV 小车上的车灯闪烁，按下"准备"按钮，再按下闪烁的箭头，如图 1.9 所示。

操作过程中，确保红色急停按钮处于正常状态。液晶显示屏能显示 AGV 小车运行状态和故障状态，显示屏上方为 AGV 小车电池的电量指示灯，当该指示灯为黄色时，需对 AGV 小车进行充电。

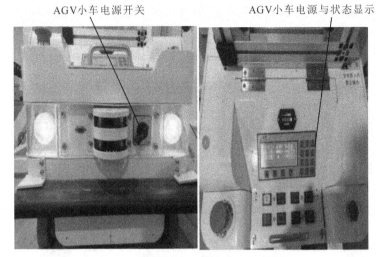

AGV小车电源开关　　　　　　AGV小车电源与状态显示

图 1.9　AGV 小车电源开关与控制面板

2. 总控系统和机器人操作流程

（1）为生产线 10 台机器人加载 ROBOT. PRG 主程序（以智能仓库机器人为例）。如图1.10所示，在示教器里打开机器人程序文件夹，找到仓库 ROBOT 文件夹，找到 ROBOT. PRG 主程序，并点击"加载"。

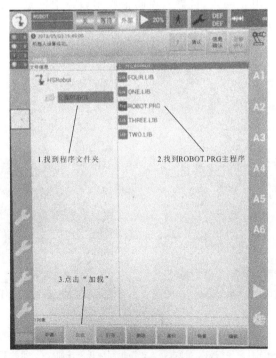

图 1.10　仓库机器人程序界面

（2）转换机器人模式设定钥匙开关，在示教器面板上选择"外部"，将机器人设置成外部模式，如图1.11所示。

1.转换钥匙开关

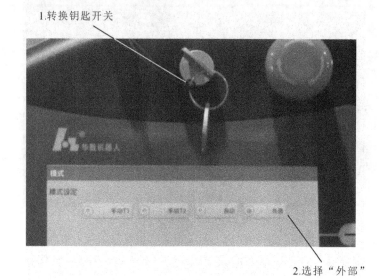

2.选择"外部"

图1.11　机器人模式设定界面

（3）确认总控电柜面板、机器人控制柜和示教器上的红色急停按钮均在弹起的正常状态，如图1.12所示。

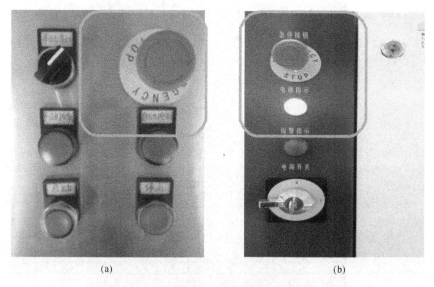

(a)　　　　　　　　　　　　　　　　　(b)

图1.12　红色急停按钮在弹起的正常状态

(a)总控电柜面板急停按钮　(b)机器人控制柜面板急停按钮　(c)示教器急停按钮

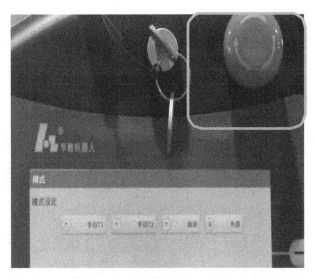

(c)

续图 1.12

（4）在总控电柜触摸屏上确认所有机器人在外部模式，同时设置仓库机器人出仓次数，如图 1.13 所示。其中，总控电柜触摸屏操作时需输入用户名和密码，这里用户名设为 hs，密码设为 100。

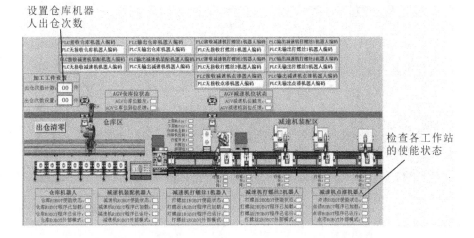

图 1.13　总控电柜触摸屏设定界面

（注：若按下总控电柜"启动"按钮，生产线将启动，如图 1.14 所示；在触摸屏上确认所有机器人成功加载程序，并正常运行和使能。）

（5）4 台打螺丝机器人上电后，在触摸屏上点击"复位"按键，再点击"运

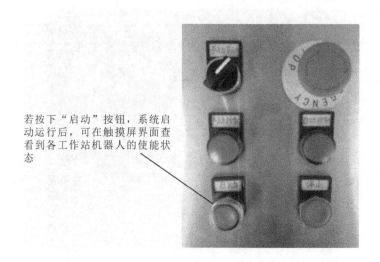

若按下"启动"按钮,系统启动运行后,可在触摸屏界面查看到各工作站机器人的使能状态

图 1.14　总控电柜面板"启动"按钮

行"按键,此时运行状态显示为"运行",如图 1.15 所示;若显示为"停机"状态,请按上述步骤再操作一次。

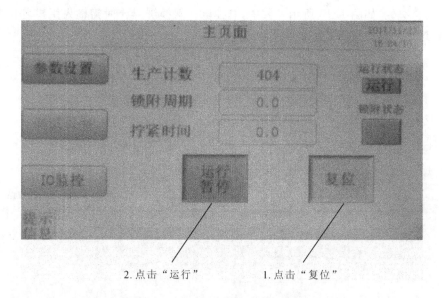

2.点击"运行"　　　1.点击"复位"

图 1.15　打螺丝机器人控制主界面

1.3.2　工业机器人智能装配生产线运行前检查

（1）检查气源手动阀门是否打开,如图 1.16 所示;检查线首气压表的值是

否达到 0.5 MPa,如图 1.17 所示。

检查气源手动阀门是否打开

图 1.16　检查气源手动阀门

(2) 再次检查机器人控制柜,确认所有机器人已上电,如图 1.18 所示。

检查气压表的值是否达到0.5 MPa

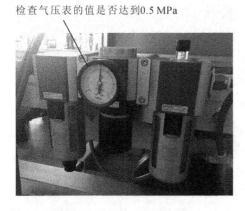

确认机器人已上电

图 1.17　检查线首气压表的值　　　　图 1.18　机器人控制柜面板

(3) 再次检查 4 台打螺丝机器人无报警并处在运行准备状态,如图 1.19 所示。

(4) 检查 AGV 小车是否处于仓库位,如图 1.20 所示。

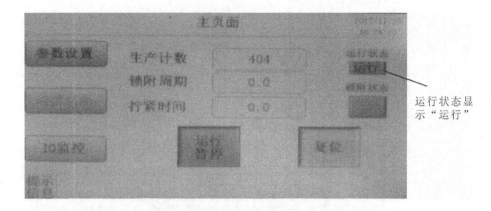

运行状态显示"运行"

图 1.19　打螺丝机器人控制主界面

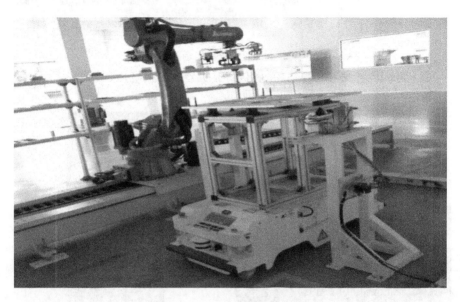

图 1.20　AGV 小车所处位置

（5）再次检查 10 台机器人是否在外部模式，如图 1.21 所示。

（6）检查寄存器 EXT 中的 EXT_PRG[1]的值是否是主程序名称，如图 1.22 所示。

（7）检查每台机器人外部模式 I/O 配置是否如图 1.23 所示。

（8）检查 10 台机器人的编码/解码设置是否如图 1.24 所示。

1. 扭动模式转换钥匙开关，机器人进入模式设定界面

2. 将机器人控制模式设定为"外部"

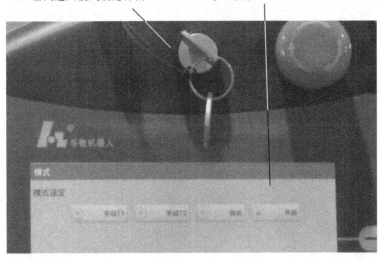

图 1.21　机器人模式设定界面

查看外部控制程序名是否为"ROBOT.PRG"

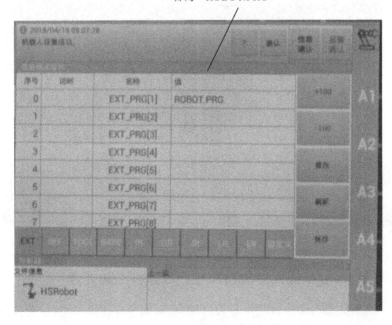

图 1.22　检查寄存器 EXT 的值

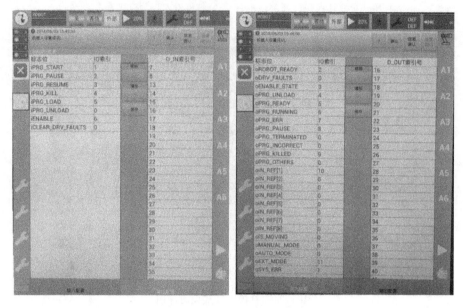

图 1.23　机器人 I/O 配置界面

图 1.24　机器人编码/解码设置界面

1.3.3　工业机器人智能装配生产线运行中的处理

（1）观察机器人动作过程中是否碰撞夹具，如果有碰撞可能，按急停按钮。

（2）AGV 小车上料至减速机放料暂存台后，按下倍速链线首位置的放料按钮（见图1.25），使机器人底座运行至生产线进行机器人装配。

（3）在生产线运行过程中，若打螺丝机器人出现报警，需在打螺丝机器人触

图 1.25　倍速链线首位置

摸屏上按"复位"按键,直到打螺丝机器人正常运行。

1.3.4　工业机器人智能装配生产线关机

本生产线拥有开机自检与复位程序,因此在关机前不需要对生产线进行复位,可以直接断电。

(1) 按下总控电柜面板上的"停止"按钮,如图 1.26 所示。

(2) 将机器人控制柜面板上的电源开关转换至"0"挡位,如图 1.27 所示。

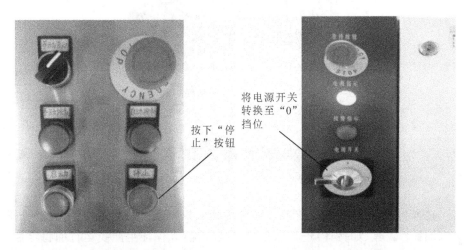

图 1.26　总控电柜面板操作按钮　　　图 1.27　机器人控制柜面板

(3) 将总控电柜和机器人控制柜总电源断路器断开,如图 1.28 所示。

(4) 将 AGV 小车电源开关转换至"OFF"挡位,如图 1.29 所示。

将断路器断开   将断路器断开

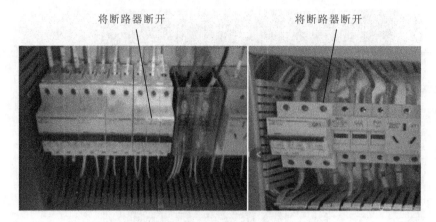

图 1.28   机器人控制柜内部总电源断路器

将电源开关转换至"OFF"挡位

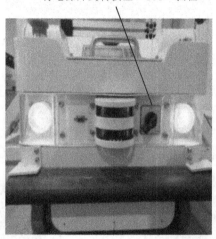

图 1.29   AGV 小车电源开关

1.4   华数机器人相关介绍

在本生产线中,作为生产操作主体的华数机器人必须与总控制系统、机器人末端操作工具(如夹具)进行数据的交换校检,以保证生产线运行的稳定性。例如,在机器人末端夹具的控制中,主要使用到机器人的物理与虚拟输入/输出口的映射功能;而在与 PLC 总控的数据交换中,则用到了机器人的外部控制模式与编码/解码功能,如图 1.30 所示。

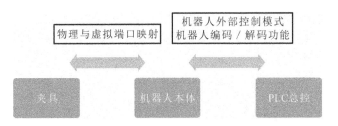

图 1.30　生产线所使用的外部控制功能

1.4.1　生产线使用的机器人

根据生产线的功能及设计需求,需要使用到以下几种型号的机器人。

1. HSR-SR6600-C20

如图 1.31 所示,HSR-SR6600-C20 机器人是华数机器人公司自主开发的一款 4 轴的 SCARA 平行机器人,具有高速度、高性能、高精度和低价格的优势,臂长 600 mm,负载能力高达 6 kg,可广泛用于电子产品工业、药品工业和食品工业等领域。其技术参数如表 1.2 所示。

图 1.31　HSR-SR6600-C20 机器人

表 1.2　HSR-SR6600-C20 技术参数

产品型号		HSR-SR6600-C20
自由度		4
额定负载		6 kg,2 kg
最大工作半径		600 mm
重复定位精度		±0.01 mm
运动范围	J1	±132°
	J2	±150°
	J3	+1/+201 mm
	J4	±360°
额定速度	J1	225°/s,3.93 rad/s
	J2	360°/s,6.28 rad/s
	J3	666 mm/s
	J4	1200°/s,20.93 rad/s

续表

产品型号		HSR-SR6600-C20
容许惯性矩	J4	0.12 kg·m², 0.01 kg·m²
容许扭矩	J4	4.23 N·m
适用环境	温度	0~45℃
	湿度	20%~80%
	其他	避免与易燃易爆或腐蚀性气体、液体接触， 远离电子噪声源(等离子)
防护等级		IP54
安装方式		地面安装
本体重量		21 kg

图 1.32 HSR-JR605-C20 机器人

2. HSR-JR605-C20/HSR-JR605L-C20

如图 1.32 所示,HSR-JR605-C20 机器人是 6 轴小型多用途机器人,荷重 5 kg,具有低投资、高产出优势,满足快速拾放,具有极大的灵活性。在保持 6 轴机器人通用性的情况下,其结构紧凑,精度高,响应快。HSR-JR605-C20/HSR-JR605L-C20 技术参数如表 1.3 所示。

表 1.3 HSR-JR605-C20/HSR-JR605L-C20 **技术参数**

产品型号		HSR-JR605-C20	HSR-JR605L-C20
自由度		6	6
额定负载		5 kg	5 kg
最大工作半径		746 mm	854 mm
重复定位精度		±0.02 mm	±0.03 mm
运动范围	J1	±200°	
	J2	−180°/0°	
	J3	+80°/+240°	
	J4	±180°	
	J5	±115°	
	J6	±360°	

续表

产品型号		HSR-JR605-C20	HSR-JR605L-C20
额定速度	J1	222°/s,3.87 rad/s	
	J2	180°/s,3.14 rad/s	
	J3	225°/s,3.93 rad/s	
	J4	235°/s,4.1 rad/s	
	J5	222°/s,3.87 rad/s	
	J6	360°/s,6.28 rad/s	
最高速度	J1	370°/s,6.45 rad/s	
	J2	300°/s,5.23 rad/s	
	J3	375°/s,6.54 rad/s	
	J4	391.6°/s,6.83 rad/s	
	J5	370°/s,6.45 rad/s	
	J6	600°/s,10.46 rad/s	
容许惯性矩	J6	0.1 kg·m²	
	J5	0.36 kg·m²	0.3 kg·m²
	J4	0.5 kg·m²	
容许扭矩	J6	8 N·m	
	J5	16 N·m	15 N·m
	J4	18 N·m	
适用环境	温度	0～45℃	
	湿度	20%～80%	
	其他	避免与易燃易爆或腐蚀性气体、液体接触, 远离电子噪声源(等离子)	
防护等级		IP54	
安装方式		地面安装、倒挂安装、侧挂安装	
本体重量		55 kg	57 kg

图 1.33　HSR-JR612-C20 机器人

3. HSR-JR612-C20

如图 1.33 所示，HSR-JR612-C20 机器人是 6 轴型机器人，采用高刚性手臂、先进伺服，运动速度快，重复定位精度高达 ±0.06 mm，运动半径为 1555 mm。该机器人广泛运用于打磨、上下料、物料搬运、弧焊，以及其他加工应用。其技术参数如表 1.4 所示。

表 1.4　HSR-JR612-C20 技术参数

产品型号		HSR-JR612-C20
自由度		6
额定负载		12 kg
最大工作半径		1555 mm
重复定位精度		±0.06 mm
运动范围	J1	±170°
	J2	−170°/+75°
	J3	+40°/+265°
	J4	±180°
	J5	±108°
	J6	±360°
额定速度	J1	148°/s,2.58 rad/s
	J2	148°/s,2.58 rad/s
	J3	148°/s,2.58 rad/s
	J4	360°/s,6.28 rad/s
	J5	225°/s,3.93 rad/s
	J6	360°/s,6.28 rad/s
最高速度	J1	198.35°/s,3.46 rad/s
	J2	198.35°/s,3.46 rad/s
	J3	198.35°/s,3.46 rad/s
	J4	600°/s,10.47 rad/s
	J5	375°/s,6.54 rad/s
	J6	600°/s,10.47 rad/s

续表

产品型号		HSR-JR612-C20
容许惯性矩	J6	0.17 kg·m²
	J5	1.2 kg·m²
	J4	1.2 kg·m²
容许扭矩	J6	15 N·m
	J5	35 N·m
	J4	35 N·m
适用环境	温度	0～45℃
	湿度	20%～80%
	其他	避免与易燃易爆或腐蚀性气体、液体接触，远离电子噪声源(等离子)
防护等级		IP54
安装方式		地面安装、倒挂安装、侧挂安装
本体重量		196 kg

4. HSR-JR630-C20

如图 1.34 所示,HSR-JR630-C20 机器人是 6 轴型机器人,具有精度高、加速能力强、刚性好等优点,重复定位精度高达±0.05 mm,运动范围达到 1701 mm,可轻松应对码垛、装配、打磨及焊接等行业的应用市场。其技术参数如表 1.5 所示。

1.34 HSR-JR630-C20 机器人

表 1.5 HSR-JR630-C20 技术参数

产品型号	HSR-JR630-C20
自由度	6
额定负载	30 kg
最大工作半径	1701 mm
重复定位精度	±0.05 mm

产品型号		HSR-JR630-C20
运动范围	J1	±160°
	J2	−175°/+75°
	J3	+40°/+265°
	J4	±180°
	J5	±125°
	J6	±360°
额定速度	J1	1.73 rad/s,99°/s
	J2	1.52 rad/s,87°/s
	J3	2.51 rad/s,144°/s
	J4	3.14 rad/s,180°/s
	J5	3.14 rad/s,180°/s
	J6	3.92 rad/s,225°/s
容许惯性矩	J6	0.8 kg·m²
	J5	3.3 kg·m²
	J4	10.9 kg·m²
容许扭矩	J6	30.7 N·m
	J5	73.4 N·m
	J4	140.4 N·m
适用环境	温度	0~45℃
	湿度	20%~80%
	其他	避免与易燃易爆或腐蚀性气体、液体接触，远离电子噪声源（等离子）
防护等级		IP54
安装方式		地面安装
本体重量		302 kg

1.4.2　华数机器人外部控制的设定

1.外部控制

外部控制是机器人将操作控制权交由外部总控（上位机）控制的一种模式，

外部控制的实现有以下两种方式。

（1）通过 I/O 信号控制。机器人处于外部模式下，通过在外部运行配置中配置相关的 I/O 信息，然后通过 I/O 信号来控制机器人实现程序加载、运行、暂停、启动、卸载等操作。

（2）通过二次开发接口控制。华数机器人提供基于 C/C＋＋的二次开发接口库，通过该库，可以在上位机（计算机或者工控机等）通过以太网的连接方式实现对机器人的控制，使用二次开发接口时，机器人应处于自动模式下。

外部模式与自动模式在机器人的速度参数设置上相同，不同点只是控制器的控制权问题。外部模式下，示教器的暂停、启动按键无效，也不能通过点击示教器的面板实现加载程序等操作，但依然可以实现对 I/O 信号的操作。

本生产线上各工作站的控制模式主要是使用 I/O 信号控制。在外部模式下，华数机器人系统定义了 8 个输入信号和 24 个输出信号，分别如表 1.6 和表 1.7 所示。

表 1.6　华数机器人系统输入信号

信 号 名 称	说　　明	生 效 方 式
iPRG_START	启动程序信号，启动已加载的用户程序	下降沿有效
iPRG_PAUSE	暂停程序信号，暂停用户程序	下降沿有效
iPRG_RESUME	恢复程序信号，恢复被暂停的用户程序	下降沿有效
iPRG_KILL	停止程序信号，停止用户程序并卸载程序	下降沿有效
iPRG_LOAD	加载程序信号，加载指定的用户程序。该用户程序在"变量列表"中的"EXT_PRG"中指定	下降沿有效
iPRG_UNLOAD	卸载程序信号，该信号为系统备用，目前无作用	无
iENABLE	系统使能信号	上升沿上使能，复位断使能
iCLEAR_DRV_FAULTS	清除驱动报警信号	下降沿有效

表 1.7　华数机器人系统输出信号

信 号 名 称	说　明	备　注
oROBOT_READY	机器人备妥信号。当同时满足系统初始化完毕,用户程序处于已加载状态,且已使能时,该信号输出	程序运行中不会输出该信号
oDRV_FAULTS	驱动器报警信号。系统备用,目前无作用	无
oENABLE_STATE	系统使能状态信号	无
oPRG_UNLOAD	用户程序未加载状态	在同一时刻,这些信号有且只有一个信号输出。例如,用户程序处于运行状态时,已加载信号不会输出;程序处于报警状态时,运行信号不会输出
oPRG_READY	用户程序已加载状态	
oPRG_RUNNING	用户程序运行状态	
oPRG_ERR	用户程序报警状态。在程序运行过程中,出现系统报警或驱动报警时,该信号输出	
oPRG_PAUSE	用户程序暂停状态	
oPRG_TERMINATED	用户程序终止状态。通常情况下不会出现该信号,若出现,则需要重启机器人	
oPRG_INCORRECT	用户程序异常状态。通常情况下不会出现该信号,若出现,则需要重启机器人	
oPRG_KILLED	用户程序停止状态	
oPRG_OTHERS	用户程序其他状态。通常情况下不会出现该信号,若出现,则需要重启机器人	
oIN_REF[1]	机器人 TCP 处于第 1 参考点	机器人运动到参考点时,须在参考点停止才有信号输出;若机器人以高速通过参考点,则不会输出信号
oIN_REF[2]	机器人 TCP 处于第 2 参考点	
oIN_REF[3]	机器人 TCP 处于第 3 参考点	
oIN_REF[4]	机器人 TCP 处于第 4 参考点	
oIN_REF[5]	机器人 TCP 处于第 5 参考点	
oIN_REF[6]	机器人 TCP 处于第 6 参考点	
oIN_REF[7]	机器人 TCP 处于第 7 参考点	
oIN_REF[8]	机器人 TCP 处于第 8 参考点	

续表

信号名称	说　　明	备　注
oIS_MOVING	判断机器人是否正在运动中	无
oMANUAL_MODE	系统处于手动模式	无
oAUTO_MODE	系统处于自动模式	无
oEXT_MODE	系统处于外部模式	无

2. 配置外部信号

使用外部模式时都需要先配置相关的 I/O 信息,然后在 EXT_PRG 变量中添加需要加载的运行程序,否则无法实现通过 I/O 信号控制机器人。

配置外部信号是将机器人系统信号和 I/O 点位建立映射关系的过程。所有的机器人系统信号都必须经过配置后才能映射到对应的 I/O 点位上。在一个未进行外部信号配置的机器人系统中,默认系统信号和 I/O 点位之间是没有映射连接关系的。

(注意:配置外部信号只能在手动 T1 和 T2 模式下进行,在自动模式和外部模式下不能进行。)

实例操作示例。

进入配置界面可看到如图 1.35(a)所示的界面。该界面分为左右两个部分,左边是当前的系统信号及其映射的 I/O 列表,右边为当前可用的 I/O 列表。左边又分为系统信号列和 I/O 索引列。图中所有的系统信号对应的 I/O 索引全部为 0,即当前没有系统输出信号映射到 I/O 点位上。

(1)建立映射关系。点击"oPRG_UNLOAD"栏,该栏底色变深(即为选中);再点击右边 D_OUT 索引号列的"5"(底色变深);最后点击中间的"添加"按键 <=,可看到左边 oPRG_UNLOAD 对应的 I/O 索引变为 5,如图 1.35(b)所示。至此,该操作将系统信号 oPRG_UNLOAD 与 I/O 输出 D_OUT[5]建立了映射关系。若当前系统信号 oPRG_UNLOAD 有效(即没有加载用户程序),则 D_OUT[5]有信号输出。

(2)解除映射关系。若当前系统信号 oPRG_UNLOAD 对应的 I/O 索引为 5,选定该信号栏,点击中间"移除"按键 =>,则 oPRG_UNLOAD 对应的 I/O 索引变为 0,该信号不再与输出 D_OUT[5]有映射关系。

(注意:"添加"和"移除"操作后需点击"保存"按键进行保存,否则重启系统后会恢复成原先的设置。)

(3)加载自动运行程序。在"显示"→"变量"列表中找到 EXT_PRG 变量列表,然后选中"EXT_PRG[1]",点击"修改",填入需要加载的程序的名称,点击"确定"和

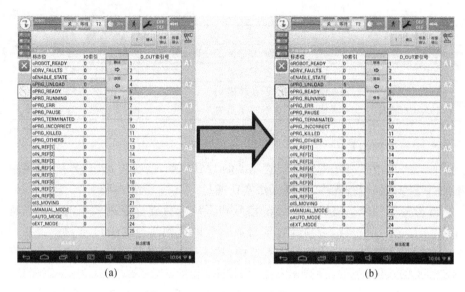

图 1.35　配置机器人 I/O 信号界面

"保存",如图 1.36 所示。

机器人在开机的时候会自动加载
运行名为 "CCC.PRG" 的程序

序号	说明	名称	值	
0		EXT_PRG[1]	CCC.PRG	+100
1		EXT_PRG[2]		
2		EXT_PRG[3]		-100
3		EXT_PRG[4]		
4		EXT_PRG[5]		修改
5		EXT_PRG[6]		
6		EXT_PRG[7]		刷新
7		EXT_PRG[8]		
EXT				保存

图 1.36　外部模式加载程序界面

此流程中注意事项如下。

(1) 外部模式下,只能加载并运行一个程序,即加载并运行 EXT_PRG[1] 中的程序。

(2) 外部模式下,如果需要修改程序内容,在修程序完成后,需先在手动/自动模式下,加载并运行一次修改后的程序。如果不加载一次修改后的程序,会出现外部运行的程序仍然是修改前的程序的状况,这是由华数机器人示教器和控制器之间的文件传输机制决定的。由于目前两者暂不能实现自动同步,因此需手动加载示教器的程序到控制器。

（3）使用外部模式时，为保证系统的正常运行，建议机器人与总控的信号处理都使用交互信号的机制，即总控发送一个信号给机器人后，需收到机器人的反馈信号后再进行下一步的操作。

（4）在工程的调试阶段或者遇到信号交互故障时，建议使用虚拟信号功能进行调试和故障排查。

1.4.3　华数机器人物理与模拟输入/输出端对应关系

华数机器人物理输入/输出端（X 与 Y）是直接连接各种外部信号的，而在程序设计中使用时，是以模拟输入/输出端（D_IN 与 D_OUT）来表示的。

如图 1.37 所示，减速机夹具松开传感器物理接线连接的是机器人物理输入口 X2.3，而在相应程序中使用的模拟信号储存器是 D_IN[20]。

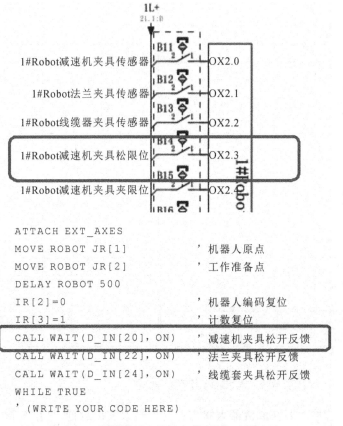

图 1.37　华数机器人物理与模拟输入/输出端

在使用中，华数机器人的物理与模拟输入/输出端的对应关系如表 1.8 所示。

表 1.8　华数机器人的物理与模拟输入/输出端对应关系

物理输入端	模拟输入端	物理输出端	模拟输出端
X0.0	D_IN[1]	Y0.0	D_OUT[1]
X0.1	D_IN[2]	Y0.1	D_OUT[2]
X0.2	D_IN[3]	Y0.2	D_OUT[3]
X0.3	D_IN[4]	Y0.3	D_OUT[4]
X0.4	D_IN[5]	Y0.4	D_OUT[5]
X0.5	D_IN[6]	Y0.5	D_OUT[6]
X0.6	D_IN[7]	Y0.6	D_OUT[7]
X0.7	D_IN[8]	Y0.7	D_OUT[8]
X1.0	D_IN[9]	Y1.0	D_OUT[9]
X1.1	D_IN[10]	Y1.1	D_OUT[10]
X1.2	D_IN[11]	Y1.2	D_OUT[11]
X1.3	D_IN[12]	Y1.3	D_OUT[12]
X1.4	D_IN[13]	Y1.4	D_OUT[13]
X1.5	D_IN[14]	Y1.5	D_OUT[14]
X1.6	D_IN[15]	Y1.6	D_OUT[15]
X1.7	D_IN[16]	Y1.7	D_OUT[16]
X2.0	D_IN[17]	Y2.0	D_OUT[17]
X2.1	D_IN[18]	Y2.1	D_OUT[18]
X2.2	D_IN[19]	Y2.2	D_OUT[19]
X2.3	D_IN[20]	Y2.3	D_OUT[20]
X2.4	D_IN[21]	Y2.4	D_OUT[21]
X2.5	D_IN[22]	Y2.5	D_OUT[22]
X2.6	D_IN[23]	Y2.6	D_OUT[23]
X2.7	D_IN[24]	Y2.7	D_OUT[24]
X3.0	D_IN[25]		
X3.1	D_IN[26]		
X3.2	D_IN[27]		
X3.3	D_IN[28]		
X3.4	D_IN[29]		
X3.5	D_IN[30]		
X3.6	D_IN[31]		
X3.7	D_IN[32]		

1.4.4　华数机器人编码/解码配置

　　PLC总控需要获取机器人状态并对机器人发出运行、停止等指令。为实现这些功能,本生产线的机器人与PLC总控之间的信号控制反馈等用到了机器人的编码/解码功能。

华数机器人编码功能是将 IR 寄存器映射到 I/O 的输出,根据 IR 的值配置 I/O 序列,这个过程采用二进制编码,通过 IR 的值来编码对应的 I/O 序列值。

例如,D_OUT[1]～D_OUT[4]与 IR[1]的对应,若 IR[1]＝3(二进制表示为 0011),则 D_OUT[1]＝1,D_OUT[2]＝1,剩余的 D_OUT 都是 0。

华数机器人解码功能是将 I/O 的输入映射到 IR 寄存器,外部输入相应的信号,控制器会把这个信号解码到 IR 寄存器。

例如,D_IN[1]～D_IN[4]映射到 IR[2],若外部输入 D_IN[2]＝1,则对应的 IR[2]＝2(二进制表示为 0010)。

操作实例:

(1) 在主菜单选择"配置"→"机器人配置"→"编码/解码"按键;

(2) 根据需要点击"编码配置"或者"解码配置";

(3) 选中相应选项,然后点击"更改";

(4) 在 I/O 索引输入框中输入 I/O 的起始值、位数,选择 IR 寄存器;

(5) 点击"确定",如果提示 I/O 被占用,则设置失败;

(6) 设置完后一定要点击"保存",不然系统重启后设置的数据会丢失。

图 1.38 所示为编码/解码设置界面。

图 1.38　编码/解码设置界面

(注意:在更改时,输入 I/O 索引和位数时不能输入被占用的 I/O,在外部运行配置里面有 I/O 使用的情况,如有需要可以打开外部运行配置查看。)

1.4.5 程序的备份/还原设置

在生产过程中,我们需要对系统程序进行备份。我们可以通过示教器,配合 U 盘对机器人的程序进行备份。

如图 1.39 所示,设置示教器的备份/还原参数时,备份路径一般选择为 U盘,表示当前示教器的程序备份到 U 盘,然后在程序导航界面选择要备份的文件或者文件夹,点击"备份"即可;还原路径一般设置为 U 盘,表示程序从 U 盘恢复到示教器,当需要导入其他机器人或者计算机编写的 prg 程序时,插上 U盘,在程序导航界面可以选择需要恢复的程序。(此处应该注意,程序存储位置应为 U 盘的根目录,点击"恢复"按键即可恢复到设置的路径。)

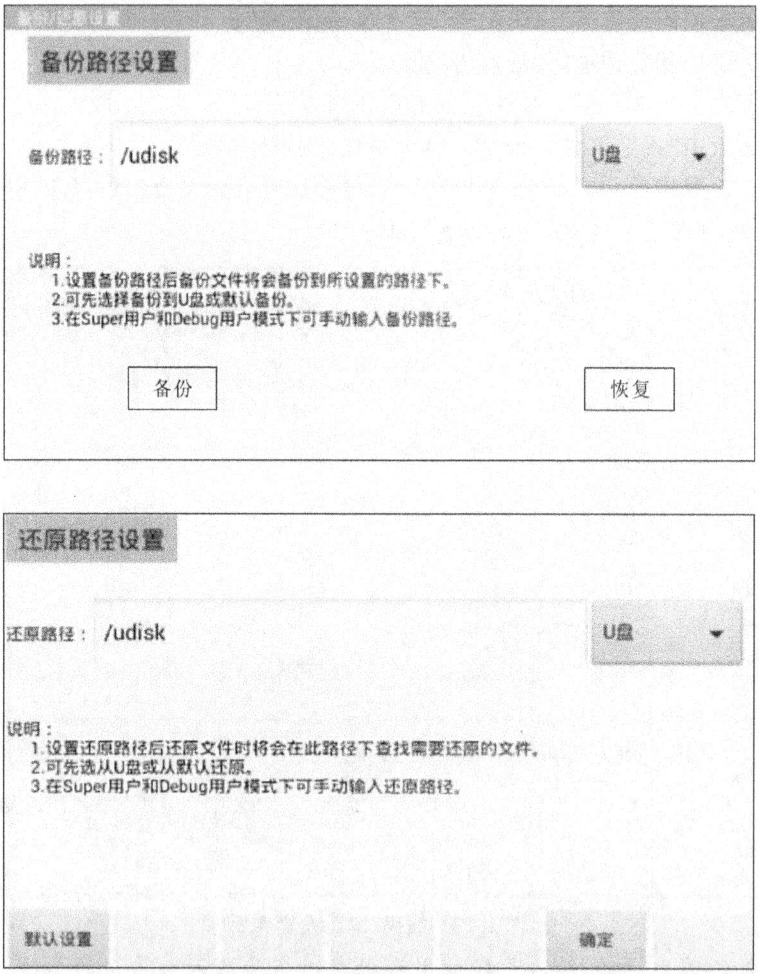

图 1.39 程序备份/还原界面

第2章 智能仓库工作站

2.1 智能仓库工作站组成

本工作站主要通过机器人和 AGV 小车配合工作,实现三种装配零件(减速机、法兰、线缆套)的出库搬运功能。其中,机器人选用 HSR-JR630 机器人,并外接第七轴地轨、夹具。

1. 智能仓库工作站结构

智能仓库工作站由 HSR-JR630 六轴机器人、HSR-JR630 机器人夹具、铝型材支架、机器人地轨等工位组成,如图 2.1 所示。

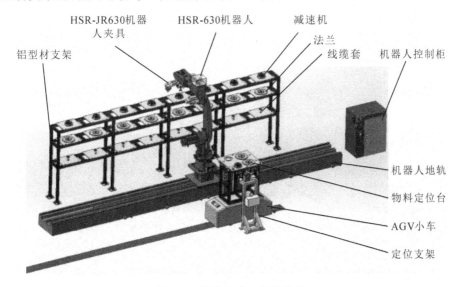

图 2.1 智能仓库工作站结构

2. HSR-JR630 机器人夹具结构

HSR-JR630 机器人夹具由三个三爪气缸、气缸安装板、手指、止推机构等组成,如图 2.2 所示。

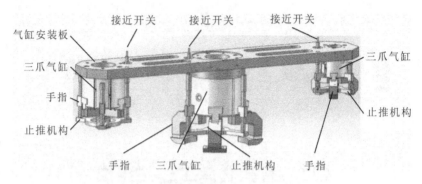

图 2.2　HSR-JR630 机器人夹具结构

3. 机器人第七轴地轨集成与控制

1）地轨集成

本书介绍的工业机器人生产线中使用的是艾京机器人公司第七轴地轨集成。它是应用于多种场合的机器人行走轴单元,可根据实际使用的需要,对有效行程进行调整(定制)。其运动由机器人直接控制,不需要增加控制系统。它运行速度快,有效负载大;使用进口伺服马达控制,通过精密减速机、齿轮、齿条进行传动,具有重复定位精度高、结构简单、易于维护、防护性能好等特点。图2.3 所示为地轨结构。

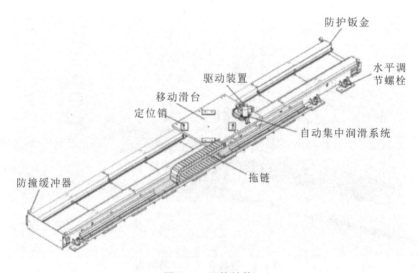

图 2.3　地轨结构

2) 地轨控制

(1) 地轨的手动控制。将示教器钥匙开关转换至手动,点击第一轴"A1",出现机器人的第七轴(即地轨),轴名称为"机器人轴",如图 2.4 所示。点击"机器人轴"后,此时对第一轴 A1 的控制变成对第七轴的控制。之后可按照手动控制机器人单轴运动的方法,控制第七轴地轨的移动。图 2.5 所示为机器人轴的调用程序运行界面。

图 2.4 机器人轴配置界面

(2) 机器人轴位置存储。机器人第七轴地轨的位置信息记录,使用的是机器人专用的外部轴寄存器 ER。我们可以通过示教器查看其信息。如图 2.6 所示,打开机器人变量界面,其中 ER 系列寄存器为机器人轴位置专用寄存器。例如,本生产线中,仓库 1♯取料位机器人轴位置储存在 ER[1]中。机器人轴位置

图 2.5　机器人轴的调用程序运行界面

示教方法与机器人本体的六轴示教方法相同，如图 2.7 所示。

序号	说明	名称	值	
0		ER[1]	{0,0}	+100
1		ER[2]	{0,0}	
2		ER[3]	{0,0}	-100
3		ER[4]	{0,0}	
4		ER[5]	{0,0}	修改
5		ER[6]	{0,0}	
6		ER[7]	{0,0}	刷新
7		ER[8]	{0,0}	
EXT	REF TOOL BASE IR DR JR LR	ER	自定义	保存

图 2.6　机器人变量界面

（3）在程序中，调用机器人轴时，需要选择机器人轴组，且机器人轴暂时只能使用 move 指令，不能使用 moves 指。使用 move 指令前，先点击"ROBOT"，在下拉框中选择"EXT_AXES"，然后点击"确定"即可，如图 2.8 所示。

图 2.7　1#仓库位机器人轴位置示教

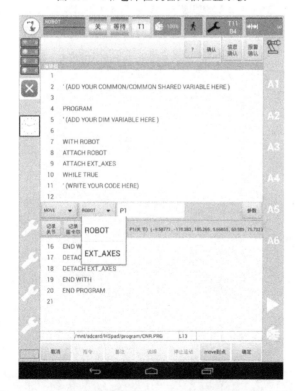

图 2.8　调用机器人轴的指令界面

2.2　智能仓库工作站工作流程

本工作站相关工作流程如下。

(1) 智能仓库工作站工作流程主要为物料的备料准备操作,如图 2.9 所示。

图 2.9　智能仓库工作站工作流程

(2) 机器人的主程序流程如图 2.10 所示。

(3) 机器人的子程序流程如图 2.11 所示。

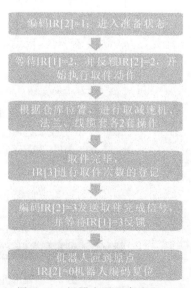

图 2.10　机器人主程序流程　　　　图 2.11　机器人子程序流程

2.3　智能仓库工作站电气系统

1. HSR-JR630 机器人电气原理图

智能仓库工作站所使用的 HSR-JR630 机器人电气原理图如图 2.12 所示。

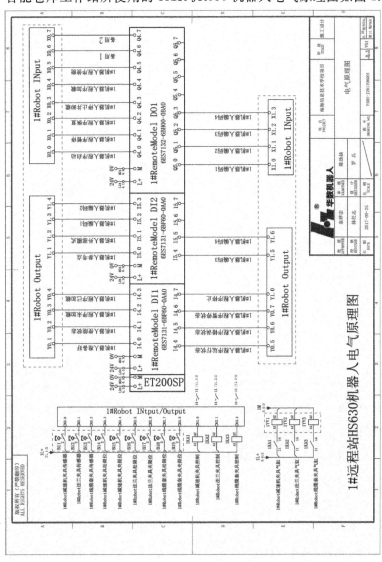

图 2.12　1#远程站 HSR-JR630 机器人电器原理图

2. I/O 配置

根据电气原理图,本工作站的 I/O 配置如表 2.1 所示。

表 2.1 智能仓库工作站 I/O 配置

机器人 I/O 配置		总控 PLC I/O 配置	
X0.0	1#机器人程序启动	I4.0	1#机器人准备好
X0.1	1#机器人程序暂停	I4.1	1#机器人使能状态
X0.2	1#机器人程序恢复	I4.2	1#机器人程序未加载
X0.3	1#机器人停止并卸载	I4.3	1#机器人程序已加载
X0.4	1#机器人程序加载	I4.4	1#机器人程序运行状态
X0.5	1#机器人程序使能	I4.5	1#机器人程序错误状态
X0.6	备用1	I4.6	1#机器人程序暂停状态
X0.7	备用2	I4.7	1#机器人程序停止
X1.0	1#机器人编码1	I5.0	1#机器人参考点
X1.1	1#机器人编码2	I5.1	1#机器人外部模式
X1.2	1#机器人编码3	I5.2	1#机器人编码1
X1.3	1#机器人编码4	I5.3	1#机器人编码2
X2.0	1#Robot减速机夹具传感器	I5.4	1#机器人编码3
X2.1	1#Robot法兰夹具传感器	I5.5	1#机器人编码4
X2.2	1#Robot线缆套夹具传感器	Q4.0	1#机器人程序启动
X2.3	1#Robot减速机夹具松限位	Q4.1	1#机器人程序暂停
X2.4	1#Robot减速机夹具夹限位	Q4.2	1#机器人程序恢复
X2.5	1#Robot法兰夹具松限位	Q4.3	1#机器人停止并卸载
X2.6	1#Robot法兰夹具夹限位	Q4.4	1#机器人程序加载
X2.7	1#Robot线缆套夹具松限位	Q4.5	1#机器人程序使能
X3.0	1#Robot线缆套夹具夹限位	Q4.6	备用1
Y0.1	1#机器人准备好	Q4.7	备用2
Y0.2	1#机器人使能状态	Q5.0	1#机器人编码1
Y0.3	1#机器人程序未加载	Q5.1	1#机器人编码2
Y0.4	1#机器人程序已加载	Q5.2	1#机器人编码3

机器人 I/O 配置		总控 PLC I/O 配置	
Y0.5	1#机器人程序运行状态	Q5.3	1#机器人编码 4
Y0.6	1#机器人程序错误状态		
Y0.7	1#机器人程序暂停状态		
Y1.0	1#机器人程序停止		
Y1.1	1#机器人参考点		
Y1.2	1#机器人外部模式		
Y1.3	1#机器人编码 1		
Y1.4	1#机器人编码 2		
Y1.5	1#机器人编码 3		
Y1.6	1#机器人编码 4		
Y2.0	1#Robot 减速机夹具控制		
Y2.1	1#Robot 法兰夹具控制		
Y2.2	1#Robot 线缆套夹具控制		

3. 机器人与总控系统通信

本工作站与总控系统通信使用了机器人的编码/解码功能。以 IR[1]储存器作为解码信号存放点，即 PLC 总控发送给机器人的信号；以 IR[2]储存器作为编码信号存放点，即机器人发送给 PLC 总控的信号。

智能仓库工作站编码/解码信号如表 2.2 所示。

表 2.2　智能仓库工作站编码/解码信号

机 器 人 解 码		机 器 人 编 码	
IR[1]=1	允许取工件至 AGV 小车	IR[2]=1	允许取工件至 AGV 小车反馈
IR[1]=2	执行取工件至 AGV 小车	IR[2]=2	执行取工件至 AGV 小车反馈
IR[1]=3	取工件至 AGV 小车完成反馈	IR[2]=3	取工件至 AGV 小车完成
IR[1]=6	仓位工件补料完成	IR[2]=6	仓位工件补料完成反馈

编码/解码的使用实例。

编码/解码在程序中的使用主要是将机器人的状态反馈到 PLC 总控，以此来检测机器人的工作状态，并确定 PLC 总控向机器人发送操作指令，如图 2.13 所示。

主程序	子程序
WITH ROBOT	PUBLIC SUB ONE
ATTACH ROBOT	'（WRITE YOUR CODE HERE)
ATTACH EXT_AXES	IR[2]= 1
……	WHILE IR[1]< > 2
'第一次取料	SLEEP 100
IF IR[1]= 1 AND IR[3]= 1 THEN	END WHILE
'执行第一次取料	IR[2]= 2
CALL ONE	……
SLEEP 1	MOVE EXT_AXES ER[1]
IR[3]= 2	'机器人轴 1 号取料位
END IF	DELAY EXT_AXES 1
……	……

图 2.13　编码/解码在程序中的使用

主程序中，如果 IR[1]＝1，则表示 PLC 总控向机器人发送操作指令，允许其进行取料的动作。同时，进入取料动作子程序时，机器人动作前，置 IR[2]＝1，机器人将执行动作的状态反馈到 PLC 总控。

同时在子程序中，我们看到：

```
WHILE IR[1]< > 2
    SLEEP 100
END WHILE
    IR[2]= 2
```

机器人会等待 PLC 总控的允许执行信号 IR[1]＝2，并反馈信号 IR[2]＝2，之后才开始操作。

2.4　智能仓库工作站程序编写

1. 地轨控制编程

本生产线使用的地轨在控制编程中，应注意以下三方面的内容。

（1）文件头必须添加 ATTACH EXT_AXES 语句，例如：

```
WITH ROBOT
ATTACH ROBOT
ATTACH EXT_AXES
MOVE ROBOT   JR[1]        '机器人原点
MOVE ROBOT   JR[2]        '工作准备点
```

......

（2）地轨动作的相关语句需准确,例如:

```
MOVE EXT_AXES   ER[1]      '移动地轨到达 ER[1]位置
DELAY EXT_AXES 1      '等待地轨移动到位
```

（3）程序结尾需添加 DETACH EXT_AXES 语句,例如:

......

```
END WHILE
DETACH ROBOT
DETACH EXT_AXES
END WITH
END PROGRAM
```

2. 智能仓库工作站参考程序

本工作站在程序设计上主要分为主程序与子程序。

主程序:

```
WITH ROBOT
ATTACH ROBOT
ATTACH EXT_AXES
MOVE ROBOT   JR[1]      '机器人原点
MOVE ROBOT   JR[2]      '工作准备点
DELAY ROBOT 500
IR[2]= 0      '机器人编码复位
IR[3]= 1      '计数复位
CALL WAIT(D_IN[20],ON)      '减速机夹具松开反馈
CALL WAIT(D_IN[22],ON)      '法兰夹具松开反馈
CALL WAIT(D_IN[24],ON)      '线缆套夹具松开反馈
WHILE TRUE
'(WRITE YOUR CODE HERE)
'第一次取料
IF IR[1]= 1 AND IR[3]= 1   THEN      '执行第一次取料
CALL ONE
SLEEP 1
IR[3]= 2
END IF
'第二次取料
IF IR[1]= 1 AND IR[3]= 2   THEN      '执行第二次取料
CALL TWO
SLEEP 1
```

```
IR[3]= 3
END IF
'第三次取料
IF IR[1]= 1 AND IR[3]= 3  THEN      '执行第三次取料
CALL THREE
SLEEP 1
IR[3]= 4
END IF
'第四次取料
IF IR[1]= 1 AND IR[3]= 4  THEN      '执行第四次取料
CALL FOUR
SLEEP 1
IR[3]= 5
END IF
IF IR[1]= 6 THEN      '取完 8 个物料后再补 8 个料,再启动编码
SLEEP 1
IR[3]= 1
IR[2]= 6
SLEEP 1
END IF
IR[2]= 0
SLEEP 100
END WHILE
DETACH ROBOT
DETACH EXT_AXES
END WITH
END PROGRAM
```

本工作站机器人子程序共 4 个,名字分别为 ONE、TWO、THREE、FOUR,分别对应1～8个物料的位置。

子程序:

```
PUBLIC SUB ONE
'(WRITE YOUR CODE HERE)
IR[2]= 1
WHILE IR[1]< > 2
SLEEP 100
END WHILE
IR[2]= 2
'取减速机
```

```
'取减速机 1
MOVE EXT_AXES   ER[1]      '机器人轴 1 号取料点
DELAY EXT_AXES 1
MOVE ROBOT    JR[3]      '取第一层姿态(减速机)
MOVE ROBOT    LR[1]+ LR[99]    '一层 1 号取料点增量
MOVES ROBOT   LR[1] VTRAN= 100    '一层 1 号取料点
DELAY ROBOT 1
SLEEP 1
IF D_IN[17]= OFF THEN
IR[2]= 5
END IF
CALL WAIT( D_IN[17],ON)
D_OUT[17]= ON
SLEEP 500
CALL WAIT( D_IN[20],OFF)
CALL WAIT( D_IN[21],ON)
SLEEP 500
DELAY ROBOT 1
MOVES ROBOT   LR[1]+ LR[99] VTRAN= 100    '一层 1 号取料点增量
MOVE ROBOT    JR[3]      '取第一层姿态(减速机)
MOVE ROBOT    JR[1]      '机器人原点
DELAY ROBOT 1
MOVE ROBOT    JR[6]      '放料预备点
DELAY ROBOT 1
MOVE EXT_AXES   ER[10]      '机器人轴放料点
DELAY EXT_AXES 1
MOVE ROBOT    LR[31]+ LR[99]     '一层 1 号放料点增量
MOVES ROBOT   LR[31] VTRAN= 100     '一层 1 号放料点
DELAY ROBOT 1
SLEEP 1
D_OUT[17]= OFF
SLEEP 500
CALL WAIT( D_IN[20],ON)
CALL WAIT( D_IN[21],OFF)
SLEEP 500
DELAY ROBOT 1
MOVES ROBOT   LR[31]+ LR[99]      '一层 1 号放料点增量
MOVE ROBOT    JR[6]      '放料预备点
```

```
MOVE ROBOT    JR[1]        '机器人原点
DELAY ROBOT 1


'取减速机 2
MOVE EXT_AXES   ER[2]         '机器人轴 2 号取料点
DELAY EXT_AXES 1
MOVE ROBOT    JR[3]       '取第一层姿态（减速机）
MOVE ROBOT    LR[2]+ LR[99]     '一层 2 号取料点增量
MOVES ROBOT    LR[2]VTRAN= 100     '一层 2 号取料点
DELAY ROBOT 1
SLEEP 1
IF D_IN[17]= OFF THEN
IR[2]= 5
END IF
CALL WAIT( D_IN[17],ON)
D_OUT[17]= ON
SLEEP 500
CALL WAIT( D_IN[20],OFF)
CALL WAIT( D_IN[21],ON)
SLEEP 500
DELAY ROBOT 1
MOVES ROBOT   LR[2]+ LR[99] VTRAN= 100      '一层 2 号取料点增量
MOVE ROBOT    JR[3]      '取第一层姿态（减速机）
MOVE ROBOT    JR[1]      '机器人原点
DELAY ROBOT 1
MOVE ROBOT    JR[6]     '放料预备点
DELAY ROBOT 1
MOVE EXT_AXES   ER[10]    '机器人轴放料点
DELAY EXT_AXES 1
MOVE ROBOT    LR[32]+ LR[99]      '一层 2 号放料点增量
MOVES ROBOT    LR[32] VTRAN= 100      '一层 2 号放料点
DELAY ROBOT 1
SLEEP 1
D_OUT[17]= OFF
SLEEP 500
CALL WAIT( D_IN[20],ON)
CALL WAIT( D_IN[21],OFF)
SLEEP 500
```

```
DELAY ROBOT 1
MOVES ROBOT    LR[32]+ LR[99] VTRAN= 100       '一层 2 号放料点增量
MOVE ROBOT     JR[6]    '放料预备点
MOVE ROBOT     JR[1]    '机器人原点
DELAY ROBOT 1


'取法兰
'取法兰 1
MOVE EXT_AXES    ER[1]     '机器人轴 1 号取料点
DELAY EXT_AXES 1
MOVE ROBOT     JR[4]     '取第二层姿态（法兰）
MOVE ROBOT     LR[9]+ LR[99]     '二层 1 号取料点增量
MOVES ROBOT    LR[9] VTRAN= 100        '二层 1 号取料点
DELAY ROBOT 1
SLEEP 1
IF D_IN[18]= OFF THEN
IR[2]= 5
END IF
CALL WAIT(D_IN[18],ON)
D_OUT[18]= ON
SLEEP 500
CALL WAIT(D_IN[22],OFF)
CALL WAIT(D_IN[23],ON)
SLEEP 500
DELAY ROBOT 1
MOVES ROBOT    LR[9]+ LR[99] VTRAN= 100        '二层 1 号取料点增量
MOVE ROBOT     JR[4]      '取第二层姿态（法兰）
MOVE ROBOT     JR[1]      '机器人原点
DELAY ROBOT 1
MOVE ROBOT     JR[6]      '放料预备点
DELAY ROBOT 1
MOVE EXT_AXES    ER[10]      '机器人轴放料点
DELAY EXT_AXES 1
MOVE ROBOT     LR[39]+ LR[100]       '二层 1 号放料点增量
MOVES ROBOT    LR[39] VTRAN= 100        '二层 1 号放料点
DELAY ROBOT 1
SLEEP 1
D_OUT[18]= OFF
```

```
SLEEP 500
CALL WAIT(D_IN[22],ON)
CALL WAIT(D_IN[23],OFF)
SLEEP 500
DELAY ROBOT 1
MOVES ROBOT   LR[39]+ LR[100]     '二层1号放料点增量
MOVE ROBOT    JR[6]     '放料预备点
MOVE ROBOT    JR[1]     '机器人原点
DELAY ROBOT 1


'取法兰2
MOVE EXT_AXES   ER[2]     '机器人轴2号取料点
DELAY EXT_AXES 1
MOVE ROBOT    JR[4]     '取第二层姿态（法兰）
MOVE ROBOT    LR[10]+ LR[99]     '二层2号取料点增量
MOVES ROBOT   LR[10] VTRAN= 100     '二层2号取料点
DELAY ROBOT 1
SLEEP 1
IF D_IN[18]= OFF THEN
IR[2]= 5
END IF
CALL WAIT(D_IN[18],ON)
D_OUT[18]= ON
SLEEP 500
CALL WAIT(D_IN[22],OFF)
CALL WAIT(D_IN[23],ON)
SLEEP 500
DELAY ROBOT 1
MOVES ROBOT   LR[10]+ LR[99] VTRAN= 100     '二层2号取料点增量
MOVE ROBOT    JR[4]     '取第二层姿态（法兰）
MOVE ROBOT    JR[1]     '机器人原点
DELAY ROBOT 1
MOVE ROBOT    JR[6]     '放料预备点
DELAY ROBOT 1
MOVE EXT_AXES   ER[10]     '机器人轴放料点
DELAY EXT_AXES 1
MOVE ROBOT    LR[40]+ LR[100]     '二层2号放料点增量
MOVES ROBOT   LR[40] VTRAN= 100     '二层2号放料点
```

```
DELAY ROBOT 1
SLEEP 1
D_OUT[18]= OFF
SLEEP 500
CALL WAIT(D_IN[22],ON)
CALL WAIT(D_IN[23],OFF)
SLEEP 500
DELAY ROBOT 1
MOVES ROBOT   LR[40]+ LR[100] VTRAN= 100       '二层 2 号放料点增量
MOVE ROBOT   JR[6]     '放料预备点
MOVE ROBOT   JR[1]     '机器人原点
DELAY ROBOT 1


'取线缆套
'取线缆套 1
MOVE EXT_AXES   ER[1]     '机器人轴 1 号取料点
DELAY EXT_AXES 1
MOVE ROBOT   JR[5]     '取第三层姿态(线缆套)
MOVE ROBOT   LR[17]+ LR[100]     '三层 1 号取料点增量
MOVES ROBOT   LR[17] VTRAN= 100       '三层 1 号取料点
DELAY ROBOT 1
SLEEP 1
IF D_IN[19]= OFF THEN
IR[2]= 5
END IF
CALL WAIT(D_IN[19],ON)
D_OUT[19]= ON
SLEEP 500
CALL WAIT(D_IN[24],OFF)
CALL WAIT(D_IN[25],ON)
SLEEP 500
DELAY ROBOT 1
MOVES ROBOT   LR[17]+ LR[100] VTRAN= 100       '三层 1 号取料点增量
MOVE ROBOT   JR[5]     '取第三层姿态(线缆套)
MOVE ROBOT   JR[1]     '机器人原点
DELAY ROBOT 1
MOVE ROBOT   JR[6]     '放料预备点
DELAY ROBOT 1
```

```
MOVE EXT_AXES   ER[10]       '机器人轴放料点
DELAY EXT_AXES 1
MOVE ROBOT   LR[47]+ LR[100]     '三层 1 号放料点增量
MOVES ROBOT   LR[47] VTRAN= 100     '三层 1 号放料点
DELAY ROBOT 1
SLEEP 1
D_OUT[19]= OFF
SLEEP 500
CALL WAIT(D_IN[24],ON)
CALL WAIT(D_IN[25],OFF)
SLEEP 500
DELAY ROBOT 1
MOVES ROBOT   LR[47]+ LR[100] VTRAN= 100     '三层 1 号放料点增量
MOVE ROBOT   JR[6]     '放料预备点
MOVE ROBOT   JR[1]     '机器人原点
DELAY ROBOT 1


'取线缆套 2
MOVE EXT_AXES   ER[2]       '机器人轴 2 号取料点
DELAY EXT_AXES 1
MOVE ROBOT   JR[5]     '取第三层姿态(线缆套)
MOVE ROBOT   LR[18]+ LR[100]     '三层 2 号取料点增量
MOVES ROBOT   LR[18] VTRAN= 100     '三层 2 号取料点
DELAY ROBOT 1
SLEEP 1
IF D_IN[19]= OFF THEN
IR[2]= 5
END IF
CALL WAIT(D_IN[19],ON)
D_OUT[19]= ON
SLEEP 500
CALL WAIT(D_IN[24],OFF)
CALL WAIT(D_IN[25],ON)
SLEEP 500
DELAY ROBOT 1
MOVES ROBOT   LR[18]+ LR[100] VTRAN= 100     '三层 2 号取料点增量
MOVE ROBOT   JR[5]     '取第三层姿态(线缆套)
MOVE ROBOT   JR[1]     '机器人原点
```

```
DELAY ROBOT 1
MOVE ROBOT   JR[6]     '放料预备点
DELAY ROBOT 1
MOVE EXT_AXES   ER[10]     '机器人轴放料点
DELAY EXT_AXES 1
MOVE ROBOT   LR[48]+ LR[100]     '三层 2 号放料点增量
MOVES ROBOT   LR[48] VTRAN= 100     '三层 2 号放料点
DELAY ROBOT 1
SLEEP 1
D_OUT[19]= OFF
SLEEP 500
CALL WAIT(D_IN[24],ON)
CALL WAIT(D_IN[25],OFF)
SLEEP 500
DELAY ROBOT 1
MOVES ROBOT   LR[48]+ LR[100]     '三层 2 号放料点增量
MOVE ROBOT   JR[6]     '放料预备点
DELAY ROBOT 1
SLEEP 1
IR[3]= 2
IR[2]= 3
WHILE IR[1]< > 3
SLEEP 100
END WHILE
MOVE ROBOT   JR[1]     '机器人原点
IR[2]= 0
END SUB


PUBLIC SUB TWO
'(WRITE YOUR CODE HERE)
IR[2]= 1
WHILE IR[1]< > 2
SLEEP 100
END WHILE
IR[2]= 2

'取减速机
'取减速机 1
```

```
MOVE EXT_AXES   ER[3]      '机器人轴 3 号取料点
DELAY EXT_AXES 1
MOVE ROBOT   JR[3]      '取第一层姿态(减速机)
MOVE ROBOT   LR[3]+ LR[99]     '一层 3 号取料点增量
MOVES ROBOT   LR[3]     '一层 3 号取料点
DELAY ROBOT 1
SLEEP 1
IF D_IN[17]= OFF THEN
IR[2]= 5
END IF
CALL WAIT(D_IN[17],ON)
D_OUT[17]= ON
SLEEP 500
CALL WAIT(D_IN[20],OFF)
CALL WAIT(D_IN[21],ON)
SLEEP 500
DELAY ROBOT 1
MOVES ROBOT   LR[3]+ LR[99]     '一层 3 号取料点增量
MOVE ROBOT   JR[3]      '取第一层姿态(减速机)
MOVE ROBOT   JR[1]      '机器人原点
DELAY ROBOT 1
MOVE ROBOT   JR[6]      '放料预备点
DELAY ROBOT 1
MOVE EXT_AXES   ER[10]     '机器人轴放料点
DELAY EXT_AXES 1
MOVE ROBOT   LR[33]+ LR[99]     '一层 3 号放料点增量
MOVES ROBOT   LR[33]     '一层 3 号放料点
DELAY ROBOT 1
SLEEP 1
D_OUT[17]= OFF
SLEEP 500
CALL WAIT(D_IN[20],ON)
CALL WAIT(D_IN[21],OFF)
SLEEP 500
DELAY ROBOT 1
MOVES ROBOT   LR[33]+ LR[99]     '一层 3 号放料点增量
MOVE ROBOT   JR[6]      '放料预备点
MOVE ROBOT   JR[1]      '机器人原点
```

```
DELAY ROBOT 1


'取减速机 2
MOVE EXT_AXES  ER[4]      '机器人轴 4 号取料点
DELAY EXT_AXES 1
MOVE ROBOT   JR[3]      '取第一层姿态(减速机)
MOVE ROBOT   LR[4]+ LR[99]     '一层 4 号取料点增量
MOVES ROBOT   LR[4]      '一层 4 号取料点
DELAY ROBOT 1
SLEEP 1
IF D_IN[17]= OFF THEN
IR[2]= 5
END IF
CALL WAIT(D_IN[17],ON)
D_OUT[17]= ON
SLEEP 500
CALL WAIT(D_IN[20],OFF)
CALL WAIT(D_IN[21],ON)
SLEEP 500
DELAY ROBOT 1
MOVES ROBOT   LR[4]+ LR[99]     '一层 4 号取料点增量
MOVE ROBOT   JR[3]      '取第一层姿态(减速机)
MOVE ROBOT   JR[1]      '机器人原点
DELAY ROBOT 1
MOVE ROBOT   JR[6]      '放料预备点
DELAY ROBOT 1
MOVE EXT_AXES  ER[10]     '机器人轴放料点
DELAY EXT_AXES 1
MOVE ROBOT   LR[34]+ LR[99]      '一层 4 号放料点增量
MOVES ROBOT   LR[34]      '一层 4 号放料点
DELAY ROBOT 1
SLEEP 1
D_OUT[17]= OFF
SLEEP 500
CALL WAIT(D_IN[20],ON)
CALL WAIT(D_IN[21],OFF)
SLEEP 500
DELAY ROBOT 1
```

```
MOVES ROBOT    LR[34]+ LR[99]      '一层 4 号放料点增量
MOVE ROBOT     JR[6]      '放料预备点
MOVE ROBOT     JR[1]      '机器人原点
DELAY ROBOT 1


'取法兰
'取法兰 1
MOVE EXT_AXES    ER[3]       '机器人轴 3 号取料点
DELAY EXT_AXES 1
MOVE ROBOT    JR[4]       '取第二层姿态（法兰）
MOVE ROBOT    LR[11]+ LR[99]      '二层 3 号取料点增量
MOVES ROBOT   LR[11]      '二层 3 号取料点
DELAY ROBOT 1
SLEEP 1
IF D_IN[18]= OFF THEN
IR[2]= 5
END IF
CALL WAIT(D_IN[18],ON)
D_OUT[18]= ON
SLEEP 500
CALL WAIT(D_IN[22],OFF)
CALL WAIT(D_IN[23],ON)
SLEEP 500
DELAY ROBOT 1
MOVES ROBOT    LR[11]+ LR[99]      '二层 3 号取料点增量
MOVE ROBOT    JR[4]      '取第二层姿态（法兰）
MOVE ROBOT    JR[1]       '机器人原点
DELAY ROBOT 1
MOVE ROBOT    JR[6]       '放料预备点
DELAY ROBOT 1
MOVE EXT_AXES    ER[10]       '机器人轴放料点
DELAY EXT_AXES 1
MOVE ROBOT    LR[41]+ LR[100]       '二层 1 号放料点增量
MOVES ROBOT   LR[41]       '二层 1 号放料点
DELAY ROBOT 1
SLEEP 1
D_OUT[18]= OFF
SLEEP 500
```

```
CALL WAIT(D_IN[22],ON)
CALL WAIT(D_IN[23],OFF)
SLEEP 500
DELAY ROBOT 1
MOVES ROBOT   LR[41]+ LR[100]    '二层 1 号放料点增量
MOVE ROBOT    JR[6]    '放料预备点
MOVE ROBOT    JR[1]    '机器人原点
DELAY ROBOT 1


'取法兰 2
MOVE EXT_AXES   ER[4]    '机器人轴 4 号取料点
DELAY EXT_AXES 1
MOVE ROBOT    JR[4]    '取第二层姿态(法兰)
MOVE ROBOT    LR[12]+ LR[99]    '二层 4 号取料点增量
MOVES ROBOT   LR[12]    '二层 4 号取料点
DELAY ROBOT 1
SLEEP 1
IF D_IN[18]= OFF THEN
IR[2]= 5
END IF
CALL WAIT(D_IN[18],ON)
D_OUT[18]= ON
SLEEP 500
CALL WAIT(D_IN[22],OFF)
CALL WAIT(D_IN[23],ON)
SLEEP 500
DELAY ROBOT 1
MOVES ROBOT   LR[12]+ LR[99]    '二层 4 号取料点增量
MOVE ROBOT    JR[4]    '取第二层姿态(法兰)
MOVE ROBOT    JR[1]    '机器人原点
DELAY ROBOT 1
MOVE ROBOT    JR[6]    '放料预备点
DELAY ROBOT 1
MOVE EXT_AXES   ER[10]    '机器人轴放料点
DELAY EXT_AXES 1
MOVE ROBOT    LR[42]+ LR[100]    '二层 4 号放料点增量
MOVES ROBOT   LR[42]    '二层 4 号放料点
DELAY ROBOT 1
```

```
SLEEP 1
D_OUT[18]= OFF
SLEEP 500
CALL WAIT(D_IN[22],ON)
CALL WAIT(D_IN[23],OFF)
SLEEP 500
DELAY ROBOT 1
MOVES ROBOT   LR[42]+ LR[100]      '二层 4 号放料点增量
MOVE ROBOT   JR[6]     '放料预备点
MOVE ROBOT   JR[1]     '机器人原点
DELAY ROBOT 1


'取线缆套
'取线缆套 1
MOVE EXT_AXES   ER[3]      '机器人轴 3 号取料点
DELAY EXT_AXES 1
MOVE ROBOT   JR[5]     '取第三层姿态(线缆套)
MOVE ROBOT   LR[19]+ LR[100]      '三层 3 号取料点增量
MOVES ROBOT   LR[19]      '三层 3 号取料点
DELAY ROBOT 1
SLEEP 1
IF D_IN[19]= OFF THEN
IR[2]= 5
END IF
CALL WAIT(D_IN[19],ON)
D_OUT[19]= ON
SLEEP 500
CALL WAIT(D_IN[24],OFF)
CALL WAIT(D_IN[25],ON)
SLEEP 500
DELAY ROBOT 1
MOVES ROBOT   LR[19]+ LR[100]      '三层 3 号取料点增量
MOVE ROBOT   JR[5]     '取第三层姿态(线缆套)
MOVE ROBOT   JR[1]     '机器人原点
DELAY ROBOT 1
MOVE ROBOT   JR[6]     '放料预备点
DELAY ROBOT 1
MOVE EXT_AXES   ER[10]      '机器人轴放料点
```

```
DELAY EXT_AXES 1
MOVE ROBOT    LR[49]+ LR[100]      '三层 3 号放料点增量
MOVES ROBOT    LR[49]    '三层 3 号放料点
DELAY ROBOT 1
SLEEP 1
D_OUT[19]= OFF
SLEEP 500
CALL WAIT( D_IN[24],ON)
CALL WAIT( D_IN[25],OFF)
SLEEP 500
DELAY ROBOT 1
MOVES ROBOT    LR[49]+ LR[100]      '三层 3 号放料点增量
MOVE ROBOT    JR[6]    '放料预备点
MOVE ROBOT    JR[1]    '机器人原点
DELAY ROBOT 1


'取线缆套 2
MOVE EXT_AXES    ER[4]      '机器人轴 4 号取料点
DELAY EXT_AXES 1
MOVE ROBOT    JR[5]      '取第三层姿态(线缆套)
MOVE ROBOT    LR[20]+ LR[100]      '三层 4 号取料点增量
MOVES ROBOT    LR[20]      '三层 4 号取料点
DELAY ROBOT 1
SLEEP 1
IF D_IN[19]= OFF THEN
IR[2]= 5
END IF
CALL WAIT( D_IN[19],ON)
D_OUT[19]= ON
SLEEP 500
CALL WAIT( D_IN[24],OFF)
CALL WAIT( D_IN[25],ON)
SLEEP 500
DELAY ROBOT 1
MOVES ROBOT    LR[20]+ LR[100]      '三层 4 号取料点增量
MOVE ROBOT    JR[5]      '取第三层姿态(线缆套)
MOVE ROBOT    JR[1]      '机器人原点
DELAY ROBOT 1
```

```
MOVE ROBOT    JR[6]      '放料预备点
DELAY ROBOT 1
MOVE EXT_AXES   ER[10]      '机器人轴放料点
DELAY EXT_AXES 1
MOVE ROBOT   LR[50]+ LR[100]     '三层 4 号放料点增量
MOVES ROBOT    LR[50]     '三层 4 号放料点
DELAY ROBOT 1
SLEEP 1
D_OUT[19]= OFF
SLEEP 500
CALL WAIT(D_IN[24],ON)
CALL WAIT(D_IN[25],OFF)
SLEEP 500
DELAY ROBOT 1
MOVES ROBOT   LR[50]+ LR[100]     '三层 4 号放料点增量
MOVE ROBOT    JR[6]      '放料预备点
DELAY ROBOT 1
SLEEP 1
IR[3]= 3
IR[2]= 3
WHILE IR[1]< > 3
SLEEP 100
END WHILE
MOVE ROBOT   JR[1]     '机器人原点
IR[2]= 0
END SUB


PUBLIC SUB THREE
'(WRITE YOUR CODE HERE)
IR[2]= 1
WHILE IR[1]< > 2
SLEEP 100
END WHILE
IR[2]= 2

'取减速机
'取减速机 1
MOVE EXT_AXES   ER[5]      '机器人轴 5 号取料点
```

```
DELAY EXT_AXES 1
MOVE ROBOT    JR[3]      '取第一层姿态(减速机)
MOVE ROBOT    LR[5]+ LR[99]    '一层 5 号取料点增量
MOVES ROBOT   LR[5]     '一层 5 号取料点
DELAY ROBOT 1
SLEEP 1
IF D_IN[17]= OFF THEN
IR[2]= 5
END IF
CALL WAIT(D_IN[17],ON)
D_OUT[17]= ON
SLEEP 500
CALL WAIT(D_IN[20],OFF)
CALL WAIT(D_IN[21],ON)
SLEEP 500
DELAY ROBOT 1
MOVES ROBOT   LR[5]+ LR[99]    '一层 5 号取料点增量
MOVE ROBOT    JR[3]      '取第一层姿态(减速机)
MOVE ROBOT    JR[1]      '机器人原点
DELAY ROBOT 1
MOVE ROBOT    JR[6]      '放料预备点
DELAY ROBOT 1
MOVE EXT_AXES    ER[10]     '机器人轴放料点
DELAY EXT_AXES 1
MOVE ROBOT    LR[35]+ LR[99]    '一层 5 号放料点增量
MOVES ROBOT   LR[35]     '一层 5 号放料点
DELAY ROBOT 1
SLEEP 1
D_OUT[17]= OFF
SLEEP 500
CALL WAIT(D_IN[20],ON)
CALL WAIT(D_IN[21],OFF)
SLEEP 500
DELAY ROBOT 1
MOVES ROBOT   LR[35]+ LR[99]    '一层 5 号放料点增量
MOVE ROBOT    JR[6]      '放料预备点
MOVE ROBOT    JR[1]      '机器人原点
DELAY ROBOT 1
```

```
'取减速机 2
MOVE EXT_AXES   ER[6]      '机器人轴 6 号取料点
DELAY EXT_AXES 1
MOVE ROBOT    JR[3]      '取第一层姿态(减速机)
MOVE ROBOT    LR[6]+ LR[99]      '一层 6 号取料点增量
MOVES ROBOT    LR[6]      '一层 6 号取料点
DELAY ROBOT 1
SLEEP 1
IF D_IN[17]= OFF THEN
IR[2]= 5
END IF
CALL WAIT(D_IN[17],ON)
D_OUT[17]= ON
SLEEP 500
CALL WAIT(D_IN[20],OFF)
CALL WAIT(D_IN[21],ON)
SLEEP 500
DELAY ROBOT 1
MOVES ROBOT    LR[6]+ LR[99]      '一层 6 号取料点增量
MOVE ROBOT    JR[3]      '取第一层姿态(减速机)
MOVE ROBOT    JR[1]      '机器人原点
DELAY ROBOT 1
MOVE ROBOT    JR[6]      '放料预备点
DELAY ROBOT 1
MOVE EXT_AXES   ER[10]      '机器人轴放料点
DELAY EXT_AXES 1
MOVE ROBOT    LR[36]+ LR[99]      '一层 6 号放料点增量
MOVES ROBOT    LR[36]      '一层 6 号放料点
DELAY ROBOT 1
SLEEP 1
D_OUT[17]= OFF
SLEEP 500
CALL WAIT(D_IN[20],ON)
CALL WAIT(D_IN[21],OFF)
SLEEP 500
DELAY ROBOT 1
MOVES ROBOT    LR[36]+ LR[99]      '一层 6 号放料点增量
```

```
MOVE ROBOT    JR[6]      '放料预备点
MOVE ROBOT    JR[1]      '机器人原点
DELAY ROBOT 1


'取法兰
'取法兰 1
MOVE EXT_AXES   ER[5]      '机器人轴 5 号取料点
DELAY EXT_AXES 1
MOVE ROBOT    JR[4]     '取第二层姿态(法兰)
MOVE ROBOT    LR[13]+ LR[99]     '二层 5 号取料点增量
MOVES ROBOT   LR[13]    '二层 5 号取料点
DELAY ROBOT 1
SLEEP 1
IF D_IN[18]= OFF THEN
IR[2]= 5
END IF
CALL WAIT(D_IN[18],ON)
D_OUT[18]= ON
SLEEP 500
CALL WAIT(D_IN[22],OFF)
CALL WAIT(D_IN[23],ON)
SLEEP 500
DELAY ROBOT 1
MOVES ROBOT   LR[13]+ LR[99]     '二层 5 号取料点增量
MOVE ROBOT   JR[4]      '取第二层姿态(法兰)
MOVE ROBOT   JR[1]      '机器人原点
DELAY ROBOT 1
MOVE ROBOT   JR[6]      '放料预备点
DELAY ROBOT 1
MOVE EXT_AXES   ER[10]      '机器人轴放料点
DELAY EXT_AXES 1
MOVE ROBOT   LR[43]+ LR[100]      '二层 5 号放料点增量
MOVES ROBOT   LR[43]      '二层 5 号放料点
DELAY ROBOT 1
SLEEP 1
D_OUT[18]= OFF
SLEEP 500
CALL WAIT(D_IN[22],ON)
```

```
CALL WAIT(D_IN[23],OFF)
SLEEP 500
DELAY ROBOT 1
MOVES ROBOT   LR[43]+ LR[100]    '二层 5 号放料点增量
MOVE ROBOT   JR[6]     '放料预备点
MOVE ROBOT   JR[1]     '机器人原点
DELAY ROBOT 1


'取法兰 2
MOVE EXT_AXES   ER[6]     '机器人轴 6 号取料点
DELAY EXT_AXES 1
MOVE ROBOT   JR[4]     '取第二层姿态(法兰)
MOVE ROBOT   LR[14]+ LR[99]     '二层 6 号取料点增量
MOVES ROBOT   LR[14]     '二层 6 号取料点
DELAY ROBOT 1
SLEEP 1
IF D_IN[18]= OFF THEN
IR[2]= 5
END IF
CALL WAIT(D_IN[18],ON)
D_OUT[18]= ON
SLEEP 500
CALL WAIT(D_IN[22],OFF)
CALL WAIT(D_IN[23],ON)
SLEEP 500
DELAY ROBOT 1
MOVES ROBOT   LR[14]+ LR[99]     '二层 6 号取料点增量
MOVE ROBOT   JR[4]     '取第二层姿态(法兰)
MOVE ROBOT   JR[1]     '机器人原点
DELAY ROBOT 1
MOVE ROBOT   JR[6]     '放料预备点
DELAY ROBOT 1
MOVE EXT_AXES   ER[10]     '机器人轴放料点
DELAY EXT_AXES 1
MOVE ROBOT   LR[44]+ LR[100]     '二层 6 号放料点增量
MOVES ROBOT   LR[44]     '二层 6 号放料点
DELAY ROBOT 1
SLEEP 1
```

```
D_OUT[18] =  OFF
SLEEP 500
CALL WAIT(D_IN[22],ON)
CALL WAIT(D_IN[23],OFF)
SLEEP 500
DELAY ROBOT 1
MOVES ROBOT   LR[44]+ LR[100]      '二层 6 号放料点增量
MOVE ROBOT    JR[6]     '放料预备点
MOVE ROBOT    JR[1]     '机器人原点
DELAY ROBOT 1


'取线缆套
'取线缆套 1
MOVE EXT_AXES   ER[5]      '机器人轴 5 号取料点
DELAY EXT_AXES 1
MOVE ROBOT    JR[5]      '取第三层姿态(线缆套)
MOVE ROBOT    LR[21]+ LR[100]      '三层 5 号取料点增量
MOVES ROBOT   LR[21]      '三层 5 号取料点
DELAY ROBOT 1
SLEEP 1
IF D_IN[19]= OFF THEN
IR[2]= 5
END IF
CALL WAIT(D_IN[19],ON)
D_OUT[19] =  ON
SLEEP 500
CALL WAIT(D_IN[24],OFF)
CALL WAIT(D_IN[25],ON)
SLEEP 500
DELAY ROBOT 1
MOVES ROBOT   LR[21]+ LR[100]      '三层 5 号取料点增量
MOVE ROBOT    JR[5]     '取第三层姿态(线缆套)
MOVE ROBOT    JR[1]     '机器人原点
DELAY ROBOT 1
MOVE ROBOT    JR[6]     '放料预备点
DELAY ROBOT 1
MOVE EXT_AXES   ER[10]      '机器人轴放料点
DELAY EXT_AXES 1
```

```
MOVE ROBOT    LR[51]+ LR[100]      '三层 5 号放料点增量
MOVES ROBOT    LR[51]      '三层 5 号放料点
DELAY ROBOT 1
SLEEP 1
D_OUT[19] =  OFF
SLEEP 500
CALL WAIT(D_IN[24],ON)
CALL WAIT(D_IN[25],OFF)
SLEEP 500
DELAY ROBOT 1
MOVES ROBOT    LR[51]+ LR[100]      '三层 5 号放料点增量
MOVE ROBOT    JR[6]     '放料预备点
MOVE ROBOT    JR[1]      '机器人原点
DELAY ROBOT 1


'取线缆套 2
MOVE EXT_AXES   ER[6]       '机器人轴 6 号取料点
DELAY EXT_AXES 1
MOVE ROBOT    JR[5]      '取第三层姿态（线缆套）
MOVE ROBOT    LR[22]+ LR[100]      '三层 6 号取料点增量
MOVES ROBOT    LR[22]      '三层 6 号取料点
DELAY ROBOT 1
SLEEP 1
IF D_IN[19]= OFF THEN
IR[2]= 5
END IF
CALL WAIT(D_IN[19],ON)
D_OUT[19] =  ON
SLEEP 500
CALL WAIT(D_IN[24],OFF)
CALL WAIT(D_IN[25],ON)
SLEEP 500
DELAY ROBOT 1
MOVES ROBOT    LR[22]+ LR[100]      '三层 6 号取料点增量
MOVE ROBOT    JR[5]      '取第三层姿态（线缆套）
MOVE ROBOT    JR[1]      '机器人原点
DELAY ROBOT 1
MOVE ROBOT    JR[6]      '放料预备点
```

```
DELAY ROBOT 1
MOVE EXT_AXES   ER[10]      '机器人轴放料点
DELAY EXT_AXES 1
MOVE ROBOT   LR[52]+ LR[99]    '三层 6 号放料点增量
MOVES ROBOT   LR[52]      '三层 6 号放料点
DELAY ROBOT 1
SLEEP 1
D_OUT[19] =  OFF
SLEEP 500
CALL WAIT(D_IN[24],ON)
CALL WAIT(D_IN[25],OFF)
SLEEP 500
DELAY ROBOT 1
MOVES ROBOT   LR[52]+ LR[99]    '三层 6 号放料点增量
MOVE ROBOT   JR[6]     '放料预备点
DELAY ROBOT 1
SLEEP 1
IR[3]= 4
IR[2]= 3
WHILE IR[1]< > 3
SLEEP 100
END WHILE
MOVE ROBOT   JR[1]     '机器人原点
IR[2]= 0
END SUB


PUBLIC SUB FOUR
'(WRITE YOUR CODE HERE)
IR[2]= 1
WHILE IR[1]< > 2
SLEEP 100
END WHILE
IR[2]= 2


'取减速机
'取减速机 1
MOVE EXT_AXES   ER[7]      '机器人轴 7 号取料点
DELAY EXT_AXES 1
```

```
MOVE ROBOT    JR[3]      '取第一层姿态(减速机)
MOVE ROBOT    LR[7]+ LR[99]      '一层 7 号取料点增量
MOVES ROBOT    LR[7]     '一层 7 号取料点
DELAY ROBOT 1
SLEEP 1
IF D_IN[17]= OFF THEN
IR[2]= 5
END IF
CALL WAIT(D_IN[17],ON)
D_OUT[17] = ON
SLEEP 500
CALL WAIT(D_IN[20],OFF)
CALL WAIT(D_IN[21],ON)
SLEEP 500
DELAY ROBOT 1
MOVES ROBOT    LR[7]+ LR[99]      '一层 7 号取料点增量
MOVE ROBOT    JR[3]      '取第一层姿态(减速机)
MOVE ROBOT    JR[1]      '机器人原点
DELAY ROBOT 1
MOVE ROBOT    JR[6]      '放料预备点
DELAY ROBOT 1
MOVE EXT_AXES    ER[10]      '机器人轴放料点
DELAY EXT_AXES 1
MOVE ROBOT    LR[37]+ LR[99]      '一层 7 号放料点增量
MOVES ROBOT    LR[37]     '一层 7 号放料点
DELAY ROBOT 1
SLEEP 1
D_OUT[17] = OFF
SLEEP 500
CALL WAIT(D_IN[20],ON)
CALL WAIT(D_IN[21],OFF)
SLEEP 500
DELAY ROBOT 1
MOVES ROBOT    LR[37]+ LR[99]      '一层 7 号放料点增量
MOVE ROBOT    JR[6]      '放料预备点
MOVE ROBOT    JR[1]      '机器人原点
DELAY ROBOT 1
```

```
'取减速机 2
MOVE EXT_AXES   ER[8]      '机器人轴 8 号取料点
DELAY EXT_AXES 1
MOVE ROBOT    JR[3]     '取第一层姿态(减速机)
MOVE ROBOT    LR[8]+ LR[99]     '一层 8 号取料点增量
MOVES ROBOT   LR[8]     '一层 8 号取料点
DELAY ROBOT 1
SLEEP 1
IF D_IN[17]= OFF THEN
IR[2]= 5
END IF
CALL WAIT(D_IN[17],ON)
D_OUT[17] =  ON
SLEEP 500
CALL WAIT(D_IN[20],OFF)
CALL WAIT(D_IN[21],ON)
SLEEP 500
DELAY ROBOT 1
MOVES ROBOT   LR[8]+ LR[99]     '一层 8 号取料点增量
MOVE ROBOT    JR[3]     '取第一层姿态(减速机)
MOVE ROBOT    JR[1]     '机器人原点
DELAY ROBOT 1
MOVE ROBOT    JR[6]     '放料预备点
DELAY ROBOT 1
MOVE EXT_AXES   ER[10]      '机器人轴放料点
DELAY EXT_AXES 1
MOVE ROBOT    LR[38]+ LR[99]     '一层 8 号放料点增量
MOVES ROBOT   LR[38]     '一层 8 号放料点
DELAY ROBOT 1
SLEEP 1
D_OUT[17] =  OFF
SLEEP 500
CALL WAIT(D_IN[20],ON)
CALL WAIT(D_IN[21],OFF)
SLEEP 500
DELAY ROBOT 1
MOVES ROBOT   LR[38]+ LR[99]     '一层 8 号放料点增量
MOVE ROBOT    JR[6]     '放料预备点
```

```
MOVE ROBOT    JR[1]        '机器人原点
DELAY ROBOT 1


'取法兰
'取法兰 1
MOVE EXT_AXES   ER[7]        '机器人轴 7 号取料点
DELAY EXT_AXES 1
MOVE ROBOT    JR[4]        '取第二层姿态（法兰）
MOVE ROBOT    LR[15]+ LR[99]        '二层 7 号取料点增量
MOVES ROBOT   LR[15]        '二层 7 号取料点
DELAY ROBOT 1
SLEEP 1
IF D_IN[18]= OFF THEN
IR[2]= 5
END IF
CALL WAIT(D_IN[18],ON)
D_OUT[18] =  ON
SLEEP 500
CALL WAIT(D_IN[22],OFF)
CALL WAIT(D_IN[23],ON)
SLEEP 500
DELAY ROBOT 1
MOVES ROBOT   LR[15]+ LR[99]        '二层 7 号取料点增量
MOVE ROBOT    JR[4]        '取第二层姿态（法兰）
MOVE ROBOT    JR[1]        '机器人原点
DELAY ROBOT 1
MOVE ROBOT    JR[6]        '放料预备点
DELAY ROBOT 1
MOVE EXT_AXES   ER[10]        '机器人轴放料点
DELAY EXT_AXES 1
MOVE ROBOT    LR[45]+ LR[100]        '二层 7 号放料点增量
MOVES ROBOT   LR[45]        '二层 7 号放料点
DELAY ROBOT 1
SLEEP 1
D_OUT[18] =  OFF
SLEEP 500
CALL WAIT(D_IN[22],ON)
CALL WAIT(D_IN[23],OFF)
```

```
SLEEP 500
DELAY ROBOT 1
MOVES ROBOT   LR[45]+ LR[100]      '二层 7 号放料点增量
MOVE ROBOT   JR[6]   '放料预备点
MOVE ROBOT   JR[1]    '机器人原点
DELAY ROBOT 1


'取法兰 2
MOVE EXT_AXES   ER[8]      '机器人轴 8 号取料点
DELAY EXT_AXES 1
MOVE ROBOT   JR[4]      '取第二层姿态(法兰)
MOVE ROBOT   LR[16]+ LR[99]      '二层 8 号取料点增量
MOVES ROBOT   LR[16]      '二层 8 号取料点
DELAY ROBOT 1
SLEEP 1
IF D_IN[18]= OFF THEN
IR[2]= 5
END IF
CALL WAIT(D_IN[18],ON)
D_OUT[18] =  ON
SLEEP 500
CALL WAIT(D_IN[22],OFF)
CALL WAIT(D_IN[23],ON)
SLEEP 500
DELAY ROBOT 1
MOVES ROBOT   LR[16]+ LR[99]      '二层 8 号取料点增量
MOVE ROBOT   JR[4]      '取第二层姿态(法兰)
MOVE ROBOT   JR[1]      '机器人原点
DELAY ROBOT 1
MOVE ROBOT   JR[6]      '放料预备点
DELAY ROBOT 1
MOVE EXT_AXES   ER[10]      '机器人轴放料点
DELAY EXT_AXES 1
MOVE ROBOT   LR[46]+ LR[100]      '二层 8 号放料点增量
MOVES ROBOT   LR[46]      '二层 8 号放料点
DELAY ROBOT 1
SLEEP 1
D_OUT[18] =  OFF
```

```
SLEEP 500
CALL WAIT(D_IN[22],ON)
CALL WAIT(D_IN[23],OFF)
SLEEP 500
DELAY ROBOT 1
MOVES ROBOT    LR[46]+ LR[100]        '二层 8 号放料点增量
MOVE ROBOT    JR[6]      '放料预备点
MOVE ROBOT    JR[1]       '机器人原点
DELAY ROBOT 1


'取线缆套
'取线缆套 1
MOVE EXT_AXES    ER[7]        '机器人轴 7 号取料点
DELAY EXT_AXES 1
MOVE ROBOT    JR[5]      '取第三层姿态(线缆套)
MOVE ROBOT    LR[23]+ LR[100]        '三层 7 号取料点增量
MOVES ROBOT    LR[23]      '三层 7 号取料点
DELAY ROBOT 1
SLEEP 1
IF D_IN[19]= OFF THEN
IR[2]= 5
END IF
CALL WAIT(D_IN[19],ON)
D_OUT[19] =  ON
SLEEP 500
CALL WAIT(D_IN[24],OFF)
CALL WAIT(D_IN[25],ON)
SLEEP 500
DELAY ROBOT 1
MOVES ROBOT    LR[23]+ LR[100]        '三层 7 号取料点增量
MOVE ROBOT    JR[5]      '取第三层姿态(线缆套)
MOVE ROBOT    JR[1]      '机器人原点
DELAY ROBOT 1
MOVE ROBOT    JR[6]      '放料预备点
DELAY ROBOT 1
MOVE EXT_AXES    ER[10]       '机器人轴放料点
DELAY EXT_AXES 1
MOVE ROBOT    LR[53]+ LR[100]        '三层 7 号放料点增量
```

```
MOVES ROBOT    LR[53]        '三层 7 号放料点
DELAY ROBOT 1
SLEEP 1
D_OUT[19] =  OFF
SLEEP 500
CALL WAIT(D_IN[24],ON)
CALL WAIT(D_IN[25],OFF)
SLEEP 500
DELAY ROBOT 1
MOVES ROBOT    LR[53]+ LR[100]      '三层 7 号放料点增量
MOVE ROBOT    JR[6]      '放料预备点
MOVE ROBOT    JR[1]      '机器人原点
DELAY ROBOT 1


'取线缆套 2
MOVE EXT_AXES    ER[8]        '机器人轴 8 号取料点
DELAY EXT_AXES 1
MOVE ROBOT    JR[5]      '取第三层姿态(线缆套)
MOVE ROBOT    LR[24]+ LR[100]      '三层 8 号取料点增量
MOVES ROBOT    LR[24]      '三层 8 号取料点
DELAY ROBOT 1
SLEEP 1
IF D_IN[19]= OFF THEN
IR[2]= 5
END IF
CALL WAIT(D_IN[19],ON)
D_OUT[19] =  ON
SLEEP 500
CALL WAIT(D_IN[24],OFF)
CALL WAIT(D_IN[25],ON)
SLEEP 500
DELAY ROBOT 1
MOVES ROBOT    LR[24]+ LR[100]      '三层 8 号取料点增量
MOVE ROBOT    JR[5]      '取第三层姿态(线缆套)
MOVE ROBOT    JR[1]      '机器人原点
DELAY ROBOT 1
MOVE ROBOT    JR[6]      '放料预备点
DELAY ROBOT 1
```

```
MOVE EXT_AXES   ER[10]        '机器人轴放料点
DELAY EXT_AXES 1
MOVE ROBOT   LR[54]+ LR[100]      '三层 8 号放料点增量
MOVES ROBOT   LR[54]      '三层 8 号放料点
DELAY ROBOT 1
SLEEP 1
D_OUT[19] =  OFF
SLEEP 500
CALL WAIT( D_IN[24],ON)
CALL WAIT( D_IN[25],OFF)
SLEEP 500
DELAY ROBOT 1
MOVES ROBOT   LR[54]+ LR[100]      '三层 8 号放料点增量
MOVE ROBOT   JR[6]      '放料预备点
DELAY ROBOT 1
SLEEP 1
IR[3]= 5
IR[2]= 3
WHILE IR[1]< > 3
SLEEP 100
END WHILE
MOVE ROBOT   JR[1]      '机器人原点
IR[2]= 0
END SUB
```

第3章 减速机装配工作站

3.1 减速机装配工作站组成

本工作站主要进行减速机的装配工序。其中,机器人选用 HSR-JR612 机器人,外接夹具。

1.减速机装配工作站结构

减速机装配工作站由 HSR-JR612 机器人、HSR-JR612 机器人夹具、减速机定位台、减速机装配工位等组成,如图 3.1 所示。

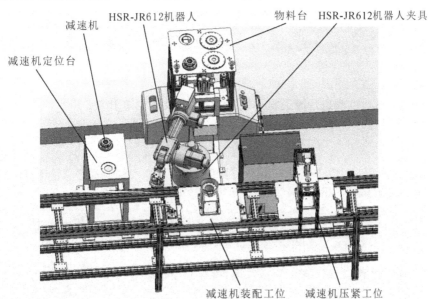

图 3.1 减速机装配工作站结构

2.减速机搬运及装配夹具结构

减速机搬运及装配夹具结构如图 3.2 所示。

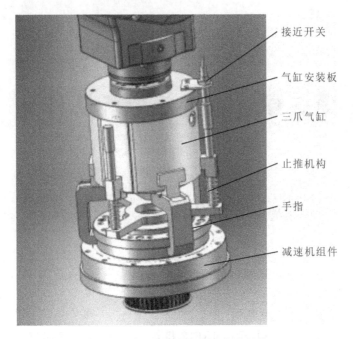

图 3.2　减速机搬运及装配夹具结构

3.2　减速机装配工作站工作流程

本工作站主要进行减速机的装配操作,大致流程如图 3.3 所示。

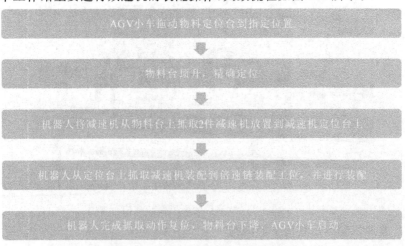

图 3.3　减速机装配工作站工作流程

本工作站机器人的动作流程如图 3.4 所示。

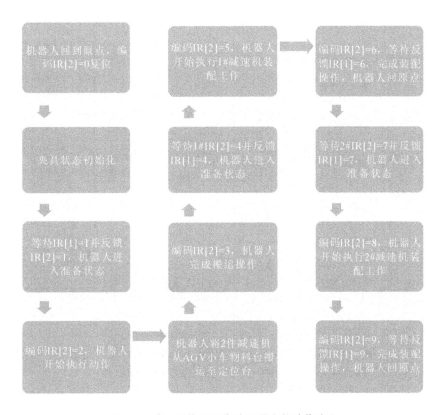

图 3.4　减速机装配工作站机器人的动作流程

3.3　减速机装配工作站电气系统

1. HSR-JR612 机器人电气原理图

减速机装配工作站所使用的 HSR-JR612 机器人电气原理图如图 3.5 所示。

2. I/O 配置

根据电气原理图,本工作站的 I/O 配置如表 3.1 所示。

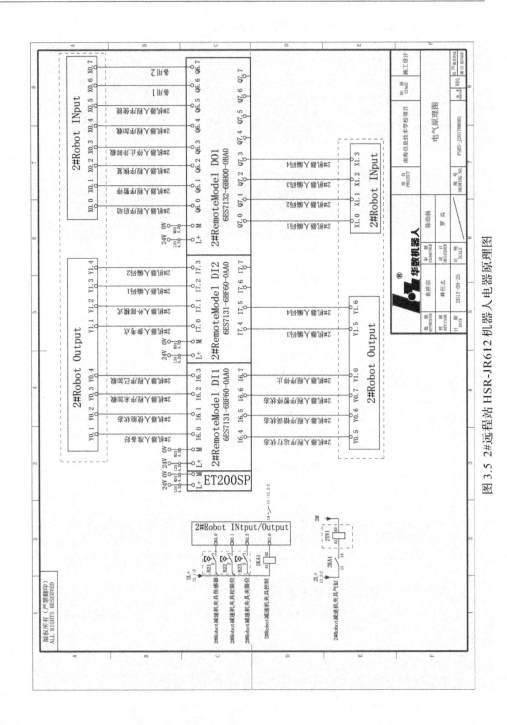

图 3.5 2#远程站 HSR-JR612 机器人电器原理图

表 3.1　减速机装配工作站 I/O 配置

机器人 I/O 配置		总控 PLC I/O 配置	
X0.0	2#机器人程序启动	I6.0	2#机器人准备好
X0.1	2#机器人程序暂停	I6.1	2#机器人使能状态
X0.2	2#机器人程序恢复	I6.2	2#机器人程序未加载
X0.3	2#机器人停止并卸载	I6.3	2#机器人程序已加载
X0.4	2#机器人程序加载	I6.4	2#机器人程序运行状态
X0.5	2#机器人程序使能	I6.5	2#机器人程序错误状态
X0.6	备用1	I6.6	2#机器人程序暂停状态
X0.7	备用2	I6.7	2#机器人程序停止
X1.0	2#机器人编码1	I7.0	2#机器人参考点
X1.1	2#机器人编码2	I7.1	2#机器人外部模式
X1.2	2#机器人编码3	I7.2	2#机器人编码1
X1.3	2#机器人编码4	I7.3	2#机器人编码2
X2.0	2#Robot 减速机夹具传感器	I7.4	2#机器人编码3
X2.1	2#Robot 减速机夹具松限位	I7.5	2#机器人编码4
X2.2	2#Robot 减速机夹具夹限位	Q6.0	2#机器人程序启动
Y0.1	2#机器人准备好	Q6.1	2#机器人程序暂停
Y0.2	2#机器人使能状态	Q6.2	2#机器人程序恢复
Y0.3	2#机器人程序未加载	Q6.3	2#机器人停止并卸载
Y0.4	2#机器人程序已加载	Q6.4	2#机器人程序加载
Y0.5	2#机器人程序运行状态	Q6.5	2#机器人程序使能
Y0.6	2#机器人程序错误状态	Q6.6	备用1
Y0.7	2#机器人程序暂停状态	Q6.7	备用2
Y1.0	2#机器人程序停止	Q7.0	2#机器人编码1
Y1.1	2#机器人参考点	Q7.1	2#机器人编码2
Y1.2	2#机器人外部模式	Q7.2	2#机器人编码3
Y1.3	2#机器人编码1	Q7.3	2#机器人编码4
Y1.4	2#机器人编码2		
Y1.5	2#机器人编码3		
Y1.6	2#机器人编码4		
Y2.0	2#Robot 减速机夹具控制		

3. 机器人与总控系统通信

本工作站与总控系统通信使用了机器人的编码/解码功能。以 IR[1]储存器作为解码信号存放点,即 PLC 总控发送给机器人的信号;以 IR[2]储存器作为编码信号存放点,即机器人发送给 PLC 总控的信号。

减速机装配工作站编码/解码信号如表 3.2 所示。

表 3.2　减速机装配工作站编码/解码信号

机 器 人 解 码		机 器 人 编 码	
IR[1]=1	允许取减速机至暂存台	IR[2]=1	允许取减速机至暂存台反馈
IR[1]=2	执行取减速机至暂存台	IR[2]=2	执行取减速机至暂存台反馈
IR[1]=3	取减速机至暂存台完成反馈	IR[2]=3	取减速机至暂存台完成
IR[1]=4	允许取 1♯减速机至底座装配	IR[2]=4	允许取 1♯减速机至底座装配反馈
IR[1]=5	执行取 1♯减速机至底座装配	IR[2]=5	执行取 1♯减速机至底座装配反馈
IR[1]=6	允许取 1♯减速机至底座装配完成反馈	IR[2]=6	允许取 1♯减速机至底座装配完成
IR[1]=7	允许取 2♯减速机至底座装配	IR[2]=7	允许取 2♯减速机至底座装配反馈
IR[1]=8	执行取 2♯减速机至底座装配	IR[2]=8	执行取 2♯减速机至底座装配反馈
IR[1]=9	允许取 2♯减速机至底座装配完成反馈	IR[2]=9	允许取 2♯减速机至底座装配完成

3.4　减速机装配工作站程序编写

减速机装配工作站参考程序如下。

```
WITH ROBOT
ATTACH ROBOT
ATTACH EXT_AXES
MOVE ROBOT   JR[1]      '机器人原点
MOVE ROBOT   JR[2]      '取料准备点
D_OUT[17] =  OFF
DELAY ROBOT 500
SLEEP 1
IR[2]= 0      '机器人编码复位
CALL WAIT(D_IN[18],ON)      '松开反馈
```

```
CALL WAIT(D_IN[19],OFF)      '松开反馈
WHILE TRUE
'(WRITE YOUR CODE HERE)


'取放 1 号
IF IR[1]= 1 THEN      '执行取料
IR[2]= 1
WHILE IR[1]< > 2
SLEEP 100
END WHILE
IR[2]= 2
MOVE ROBOT   LR[1]+ LR[99]      '1 号增量
DELAY ROBOT 300
MOVES ROBOT   LR[1]   VTRAN= 100
DELAY ROBOT 1
CALL WAIT(D_IN[17],ON)      '夹具传感器到位
DELAY ROBOT 1
D_OUT[17] =   ON      '夹具夹紧
SLEEP 500
DELAY ROBOT 1
CALL WAIT(D_IN[18],OFF)      '夹紧反馈
CALL WAIT(D_IN[19],ON)      '夹紧反馈
MOVES ROBOT   LR[1]+ LR[99]   VTRAN= 200      '1 号增量
MOVE ROBOT   JR[2]      '取料准备点
MOVE ROBOT   JR[3]      '暂存台放料预备点
MOVE ROBOT   LR[3]+ LR[99]      '1 号暂存台放料增量
DELAY ROBOT 300
MOVES ROBOT   LR[3]   VTRAN= 100
DELAY ROBOT 1
D_OUT[17] =   OFF      '夹具松开
SLEEP 500
DELAY ROBOT 1
CALL WAIT(D_IN[18],ON)      '松开反馈
CALL WAIT(D_IN[19],OFF)      '松开反馈
MOVES ROBOT   LR[3]+ LR[99]   VTRAN= 100      '1 号暂存台放料增量
MOVE ROBOT   JR[3]      '暂存台放料预备点


'取放 2 号
```

```
MOVE ROBOT   JR[2]      '取料准备点
MOVE ROBOT   LR[2]+ LR[99]      '2号增量
DELAY ROBOT 300
MOVES ROBOT   LR[2]   VTRAN= 100
DELAY ROBOT 1
CALL WAIT(D_IN[17],ON)      '夹具传感器到位
DELAY ROBOT 1
D_OUT[17] =  ON      '夹具夹紧
SLEEP 500
DELAY ROBOT 1
CALL WAIT(D_IN[18],OFF)      '夹紧反馈
CALL WAIT(D_IN[19],ON)      '夹紧反馈
MOVES ROBOT   LR[2]+ LR[99]   VTRAN= 200      '2号增量
MOVE ROBOT   JR[2]      '取料准备点
MOVE ROBOT   JR[3]      '暂存台放料预备点
MOVE ROBOT   LR[4]+ LR[99]      '2号暂存台放料增量
DELAY ROBOT 300
MOVES ROBOT   LR[4]   VTRAN= 100
DELAY ROBOT 1
D_OUT[17] =  OFF      '夹具松开
SLEEP 500
DELAY ROBOT 1
CALL WAIT(D_IN[18],ON)      '松开反馈
CALL WAIT(D_IN[19],OFF)      '松开反馈
MOVES ROBOT   LR[4]+ LR[99]   VTRAN= 100      '2号暂存台放料增量
MOVE ROBOT   JR[3]      '暂存台放料预备点
DELAY ROBOT 1
SLEEP 1
IR[2]= 3
WHILE IR[1]< > 3
SLEEP 100
END WHILE
SLEEP 1
MOVE ROBOT   JR[1]      '机器人原点
DELAY ROBOT 1
END IF


'送料1号
```

```
IF IR[1]= 4 THEN      '送料 1 号
IR[2]= 4
WHILE IR[1]< > 5
SLEEP 100
END WHILE
IR[2]= 5
MOVE ROBOT   LR[5]+ LR[99]     '1 号暂存台取料增量
DELAY ROBOT 300
MOVES ROBOT   LR[5]   VTRAN= 100     '1 号暂存台取料
DELAY ROBOT 1
CALL WAIT(D_IN[17],ON)     '夹具传感器到位
DELAY ROBOT 1
D_OUT[17] =  ON     '夹具夹紧
SLEEP 500
DELAY ROBOT 1
CALL WAIT(D_IN[18],OFF)     '夹紧反馈
CALL WAIT(D_IN[19],ON)     '夹紧反馈
MOVES ROBOT   LR[5]+ LR[99]   VTRAN= 100     '1 号暂存台取料增量
MOVE ROBOT   JR[4]     '加工位过渡点
MOVE ROBOT   LR[9]
MOVE ROBOT   LR[7]+ LR[99]     '1 号加工位放料增量
DELAY ROBOT 300
MOVES ROBOT   LR[7]   VTRAN= 100     '1 号加工位放料
DELAY ROBOT 1
D_OUT[17] =  OFF     '夹具松开
SLEEP 500
DELAY ROBOT 1
CALL WAIT(D_IN[18],ON)     '松开反馈
CALL WAIT(D_IN[19],OFF)     '松开反馈
MOVES ROBOT   LR[7]+ LR[99]   VTRAN= 100     '1 号加工位放料增量
MOVE ROBOT   LR[9]
MOVE ROBOT   JR[4]     '暂存台放料预备点
DELAY ROBOT 1
SLEEP 1
IR[2]= 6
WHILE IR[1]< > 6
SLEEP 100
END WHILE
```

```
SLEEP 1
MOVE ROBOT    JR[1]        '机器人原点
DELAY ROBOT 1
END IF


'送料 2 号
IF IR[1]= 7 THEN      '送料 2 号
IR[2]= 7
WHILE IR[1]< > 8
SLEEP 100
END WHILE
IR[2]= 8
MOVE ROBOT    LR[6]+ LR[99]        '2 号暂存台取料增量
DELAY ROBOT 300
MOVES ROBOT    LR[6]   VTRAN= 100      '2 号暂存台取料
DELAY ROBOT 1
CALL WAIT(D_IN[17],ON)    '夹具传感器到位
DELAY ROBOT 1
D_OUT[17] =   ON      '夹具夹紧
SLEEP 500
DELAY ROBOT 1
CALL WAIT(D_IN[18],OFF)      '夹紧反馈
CALL WAIT(D_IN[19],ON)      '夹紧反馈
MOVES ROBOT    LR[6]+ LR[99]   VTRAN= 100       '2 号暂存台取料增量
MOVE ROBOT    JR[4]      '加工位过渡点
MOVE ROBOT    LR[9]
MOVE ROBOT    LR[8]+ LR[99]        '2 号加工位放料增量
DELAY ROBOT 300
MOVES ROBOT    LR[8]   VTRAN= 100      '2 号加工位放料
DELAY ROBOT 1
D_OUT[17] =   OFF      '夹具松开
SLEEP 500
DELAY ROBOT 1
CALL WAIT(D_IN[18],ON)      '松开反馈
CALL WAIT(D_IN[19],OFF)      '松开反馈
MOVES ROBOT    LR[8]+ LR[99]        '2 号加工位放料增量
MOVE ROBOT    LR[9]
MOVE ROBOT    JR[4]        '暂存台放料预备点
```

```
DELAY ROBOT 1
SLEEP 1
IR[2]= 9
WHILE IR[1]< > 9
SLEEP 100
END WHILE
SLEEP 1
MOVE ROBOT   JR[1]        '机器人原点
DELAY ROBOT 1
END IF

SLEEP 100
END WHILE
DETACH ROBOT
DETACH EXT_AXES
END WITH
END PROGRAM
```

第4章 点漆工作站

4.1 点漆工作站组成

本工作站主要进行螺丝上紧后的点漆标记操作,配置了 HSR-SR6600 机器人。

点漆工作站结构如图 4.1 所示。

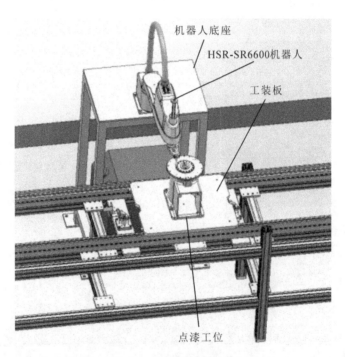

图 4.1 点漆工作站结构

4.2　点漆工作站工作流程

本工作站的工作流程大致如图 4.2 所示。

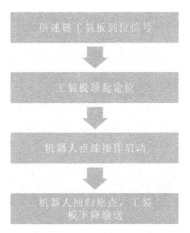

图 4.2　点漆工作站工作流程

本工作站机器人的动作流程如图 4.3 所示。

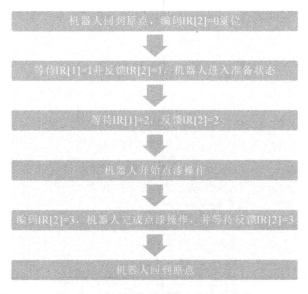

图 4.3　点漆工作站机器人的动作流程

4.3 点漆工作站电气系统

1. HSR-SR6600 机器人电气原理图

点漆工作站所使用的 HSR-SR6600 机器人电气原理图如图 4.4 所示。

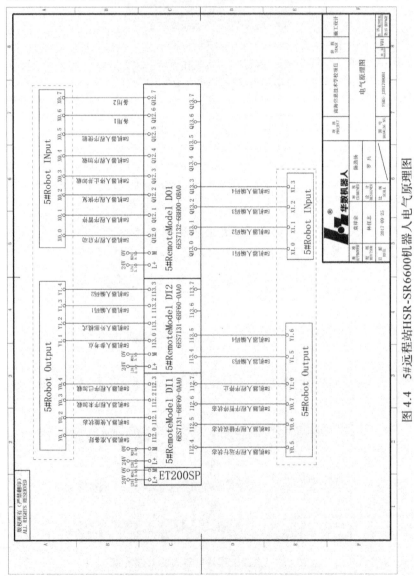

图 4.4 5#远程站HSR-SR6600机器人电气原理图

2. I/O 配置

根据电气原理图,本工作站的 I/O 配置如表 4.1 所示。

表 4.1　点漆工作站 I/O 配置

机器人 I/O 配置		总控 PLC I/O 配置	
X0.0	5♯机器人程序启动	I12.0	5♯机器人准备好
X0.1	5♯机器人程序暂停	I12.1	5♯机器人使能状态
X0.2	5♯机器人程序恢复	I12.2	5♯机器人程序未加载
X0.3	5♯机器人停止并卸载	I12.3	5♯机器人程序已加载
X0.4	5♯机器人程序加载	I12.4	5♯机器人程序运行状态
X0.5	5♯机器人程序使能	I12.5	5♯机器人程序错误状态
X0.6	备用 1	I12.6	5♯机器人程序暂停状态
X0.7	备用 2	I12.7	5♯机器人程序停止
X1.0	5♯机器人编码 1	I13.0	5♯机器人参考点
X1.1	5♯机器人编码 2	I13.1	5♯机器人外部模式
X1.2	5♯机器人编码 3	I13.2	5♯机器人编码 1
X1.3	5♯机器人编码 4	I13.3	5♯机器人编码 2
Y0.1	5♯机器人准备好	I13.4	5♯机器人编码 3
Y0.2	5♯机器人使能状态	I13.5	5♯机器人编码 4
Y0.3	5♯机器人程序未加载	Q12.0	5♯机器人程序启动
Y0.4	5♯机器人程序已加载	Q12.1	5♯机器人程序暂停
Y0.5	5♯机器人程序运行状态	Q12.2	5♯机器人程序恢复
Y0.6	5♯机器人程序错误状态	Q12.3	5♯机器人停止并卸载
Y0.7	5♯机器人程序暂停状态	Q12.4	5♯机器人程序加载
Y1.0	5♯机器人程序停止	Q12.5	5♯机器人程序使能
Y1.1	5♯机器人参考点	Q12.6	备用 1
Y1.2	5♯机器人外部模式	Q12.7	备用 2
Y1.3	5♯机器人编码 1	Q13.0	5♯机器人编码 1
Y1.4	5♯机器人编码 2	Q13.1	5♯机器人编码 2
Y1.5	5♯机器人编码 3	Q13.2	5♯机器人编码 3
Y1.6	5♯机器人编码 4	Q13.3	5♯机器人编码 4

3. 机器人与总控系统通信

本工作站与总控系统通信使用了机器人的编码/解码功能。以 IR[1]储存器作为解码信号存放点，即 PLC 总控发送给机器人的信号；以 IR[2]储存器作为编码信号存放点，即机器人发送给 PLC 总控的信号。

点漆工作站编码/解码信号如表 4.2 所示。

表 4.2　点漆工作站编码/解码信号

机 器 人 解 码		机 器 人 编 码	
IR[1]＝1	机器人允许点漆	IR[2]＝1	机器人允许点漆反馈
IR[1]＝2	机器人执行点漆	IR[2]＝2	机器人执行点漆反馈
IR[1]＝3	机器人点漆完成反馈	IR[2]＝3	机器人点漆完成

4.4　点漆工作站程序编写

点漆工作站参考程序如下。

```
WITH ROBOT
ATTACH ROBOT
ATTACH EXT_AXES
MOVE ROBOT   JR[1]        '机器人原点
IR[2]= 0        '机器人编码复位
WHILE TRUE
'(WRITE YOUR CODE HERE)

'点漆
IF IR[1]= 1 THEN      '执行准备
IR[2]= 1
WHILE IR[1]< > 2      '执行操作
SLEEP 100
END WHILE
IR[2]= 2
SLEEP 1
DELAY ROBOT 1
MOVE ROBOT   P1      '点漆位置
MOVE ROBOT   P2
```

```
MOVE ROBOT    P3
MOVE ROBOT    P4
MOVE ROBOT    P5
MOVE ROBOT    P6
MOVE ROBOT    P7
MOVE ROBOT    P8
MOVE ROBOT    P9
MOVE ROBOT    P10
MOVE ROBOT    P11
MOVE ROBOT    P12
MOVE ROBOT    P13
MOVE ROBOT    P14
MOVE ROBOT    P15
MOVE ROBOT    P16
MOVE ROBOT    P17
MOVE ROBOT    P18
MOVE ROBOT    P19
MOVE ROBOT    P20
MOVE ROBOT    P21
MOVE ROBOT    P22
MOVE ROBOT    P23
MOVE ROBOT    P24
MOVE ROBOT    P25
MOVE ROBOT    P26
MOVE ROBOT    JR[1]      '机器人原点
SLEEP 1
DELAY ROBOT 1
IR[2]= 3
WHILE IR[1]< > 3
SLEEP 100
END WHILE
SLEEP 1
MOVE ROBOT    JR[1]      '机器人原点
DELAY ROBOT 1
END IF

SLEEP 100
END WHILE
```

```
DETACH ROBOT
DETACH EXT_AXES
END WITH
END PROGRAM
```

第5章　SCARA 自动打螺丝工作站

5.1　SCARA 自动打螺丝工作站组成

1. 自动打螺丝工作站结构

3#与4#工位属于 SCARA 自动打螺丝工作站，主要为减速机进行打螺丝操作，配置了 SCARA 机器人，并外接螺丝机。其结构如图5.1所示。

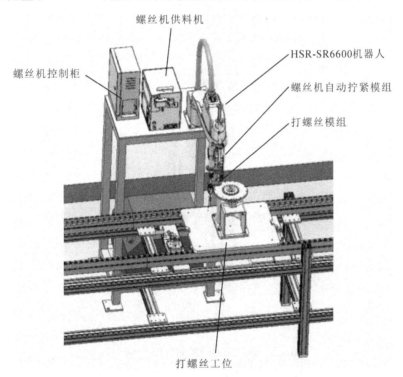

螺丝机供料机

螺丝机控制柜

HSR-SR6600机器人

螺丝机自动拧紧模组

打螺丝模组

打螺丝工位

图 5.1　SCARA 自动打螺丝工作站结构

2. 螺丝机的组成

本工作站采用的螺丝机由联威(深圳)科技有限公司的螺丝机自动拧紧模组与 HG-40 供料机组成。

其中,螺丝机自动拧紧模组主要由锁附气缸、电动螺丝刀、螺丝入料口等部分组成,如图 5.2 所示。

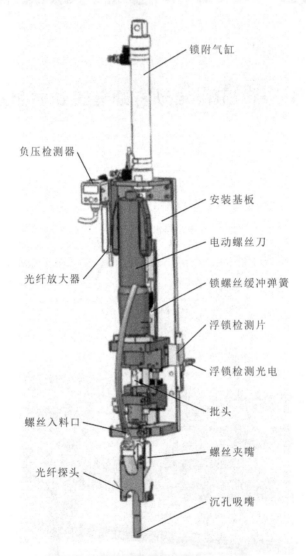

图 5.2　螺丝机自动拧紧模组基本结构

5.2　SCARA 自动打螺丝工作站工作流程

1. 螺丝机工作流程

本工作站螺丝机主要采用吹钉式控制,其控制主要由螺丝机内部处理。基本的动作流程如下:

(1) 接收机器人启动打螺丝信号,锁附气缸下降,同时,电动螺丝刀正转;

(2) 锁附气缸在下降时,气缸感应器初始位离开后,开始计时(在此判断浮锁、滑牙);

(3) 在规定时间内,电动螺丝刀的"扭力到达",并且浮锁检测光电检测正常,即表示正常拧紧完成;

(4) 电动螺丝刀停止,锁附气缸上升复位;

(5) 等待气缸复位到位后,拧紧完成,启动备钉程序,反馈完成信号给机器人。

(注意:在使用中只需要对螺丝机的启动、停止等信号进行控制即可。)

2. SCARA 自动打螺丝工作站工作流程

本工作站的工作流程大致如图 5.3 所示。

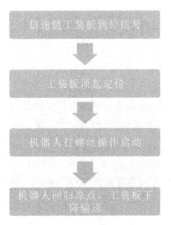

图 5.3　SCARA 自动打螺丝工作站工作流程

本工作站机器人的动作流程如图 5.4 所示。

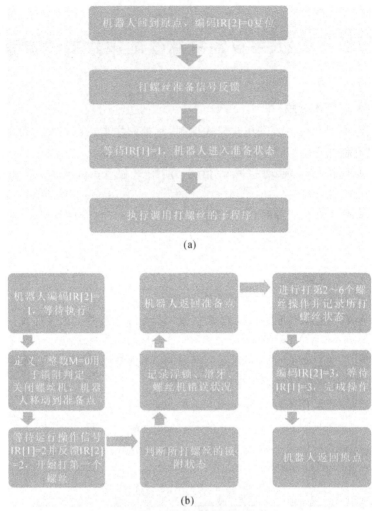

图 5.4 SCARA 自动打螺丝工作站机器人的动作流程

(a)主程序流程 (b)子程序流程

5.3 SCARA 自动打螺丝工作站电气系统

1. HSR-SR6600 机器人电气原理图

本生产线中,3♯与 4♯工位为 HSR-SR6600 机器人打螺丝工位,其电气原理图如图 5.5 所示。

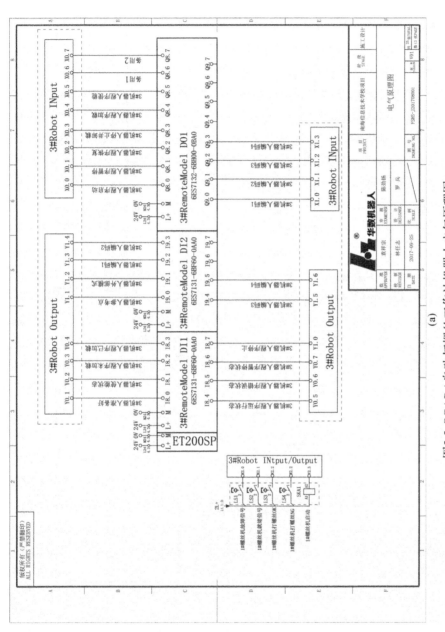

图5.5 SCARA自动打螺丝工作站机器人电气原理图

（a）3#工位HSR-SR6600机器人电气原理图（b）4#工位HSR-SR6600机器人电气原理图

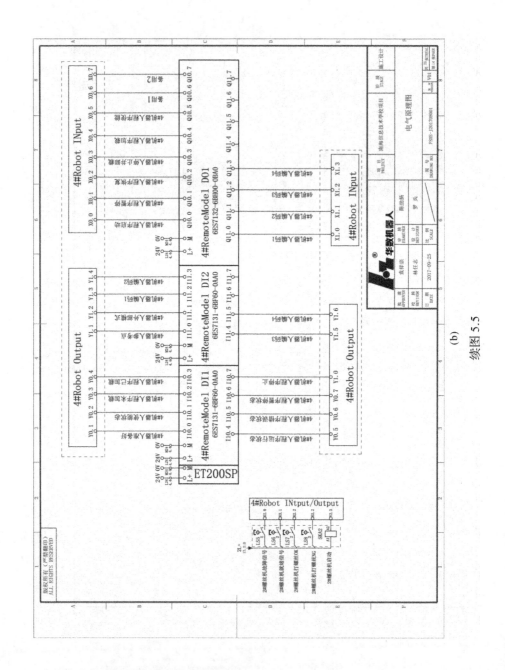

续图 5.5

2. 自动打螺丝机器人的相关设置

(1) 自动打螺丝机器人的参数设置可从螺丝机控制柜主页面(见图 5.6)点

击进入。

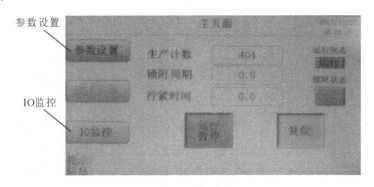

图 5.6　螺丝机控制柜主页面

（2）在主界面点击"参数设置"，输入密码（用户可自行修改密码），就可进入如图 5.7 所示的页面。

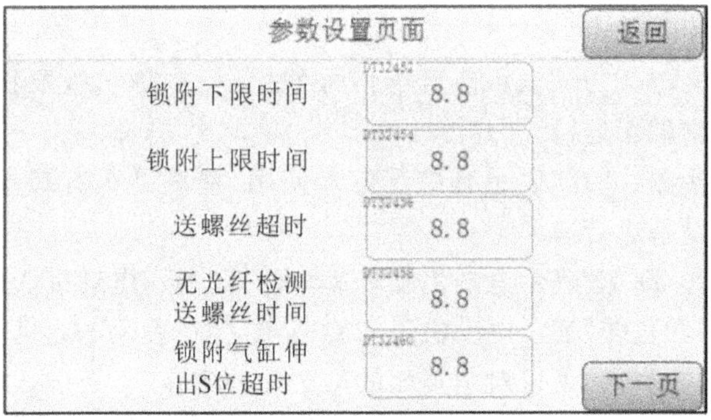

图 5.7　参数设置页面 1

锁附下限时间设置为小于螺丝锁紧的最小时间，建议值为 0.2 s。

锁附上限时间设置为大于螺丝锁紧的最大时间，建议值 3 s。

送螺丝超时时间设置为大于螺丝从供料机到检测元件的时间，建议值为 2 s。

无光纤检测时间设置为大于螺丝从供料机到锁紧机构的时间，建议值为 3 s。

锁附气缸伸出 S 位超时时间设置为大于气缸从 R 位到 S 位的时间，建议值为 3 s。

（3）在参数设置页面 1 点击"下一页"进入如图 5.8 所示的页面。

联机模式。"联机"时表示设备与其他设备联机，受其控制；"单机"时表示不受其他设备控制，自己独立控制。

锁附模式。"联机"模式时，"单次""循环"不影响运行。"单机"模式时，"单

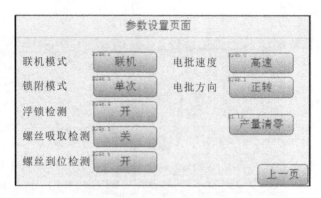

图 5.8　参数设置页面 2

次"状态表示按一下主页面的"单机启动"则锁附一次。"循环"状态表示按一下主界面的"单机启动"则循环锁附。

　　浮锁检测。"开"表示感应器信号使用,检测螺丝锁附状态;"关"表示不使用。不影响设备运行。

　　螺丝吸取检测。"开"表示感应器信号使用,检测螺丝吸取状态;"关"表示不使用。不影响设备运行。

　　螺丝到位检测。"开"表示感应器信号使用,检测是否有螺丝;"关"表示不使用。不影响设备运行。

　　电批速度。"高速"表示电动机高转速,"低速"表示电动机低转速。

　　电批方向。"正转"表示电动机正向旋转,"反向"表示电动机反向旋转。

　　产量清零。此按键可以对主页面的生产计数清零。

　　(4) 在主页面点击"IO 监控",进入如图 5.9 所示的输入点监控页面 1。此页面可显示信号输入。

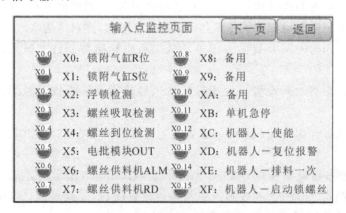

图 5.9　输入点监控页面 1

（5）在输入点监控页面 1 点击"下一页"进入如图 5.10 所示的页面。此页面可显示信号输出。

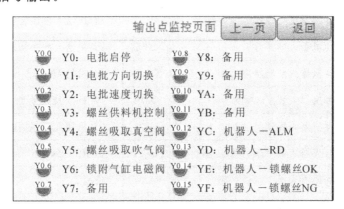

图 5.10　输入点监控页面 2

3. 机器人 I/O 配置

本工作站 3♯工位的 I/O 配置如表 5.1 所示。

表 5.1　SCARA 自动打螺丝工作站 3♯工位 I/O 配置

机器人 I/O 配置		总控 PLC I/O 配置	
X0.0	3♯机器人程序启动	I8.0	3♯机器人准备好
X0.1	3♯机器人程序暂停	I8.1	3♯机器人使能状态
X0.2	3♯机器人程序恢复	I8.2	3♯机器人程序未加载
X0.3	3♯机器人停止并卸载	I8.3	3♯机器人程序已加载
X0.4	3♯机器人程序加载	I8.4	3♯机器人程序运行状态
X0.5	3♯机器人程序使能	I8.5	3♯机器人程序错误状态
X0.6	备用 1	I8.6	3♯机器人程序暂停状态
X0.7	备用 2	I8.7	3♯机器人程序停止
X1.0	3♯机器人编码 1	I9.0	3♯机器人参考点
X1.1	3♯机器人编码 2	I9.1	3♯机器人外部模式
X1.2	3♯机器人编码 3	I9.2	3♯机器人编码 1
X1.3	3♯机器人编码 4	I9.3	3♯机器人编码 2
X2.0	1♯螺丝机故障信号	I9.4	3♯机器人编码 3
X2.1	1♯螺丝机就绪信号	I9.5	3♯机器人编码 4
X2.2	1♯螺丝机打螺丝 OK	Q8.0	3♯机器人程序启动

机器人 I/O 配置		总控 PLC I/O 配置	
X2.3	1#螺丝机打螺丝 NG	Q8.1	3#机器人程序暂停
Y0.1	3#机器人准备好	Q8.2	3#机器人程序恢复
Y0.2	3#机器人使能状态	Q8.3	3#机器人停止并卸载
Y0.3	3#机器人程序未加载	Q8.4	3#机器人程序加载
Y0.4	3#机器人程序已加载	Q8.5	3#机器人程序使能
Y0.5	3#机器人程序运行状态	Q8.6	备用 1
Y0.6	3#机器人程序错误状态	Q8.7	备用 2
Y0.7	3#机器人程序暂停状态	Q9.0	3#机器人编码 1
Y1.0	3#机器人程序停止	Q9.1	3#机器人编码 2
Y1.1	3#机器人参考点	Q9.2	3#机器人编码 3
Y1.2	3#机器人外部模式	Q9.3	3#机器人编码 4
Y1.3	3#机器人编码 1		
Y1.4	3#机器人编码 2		
Y1.5	3#机器人编码 3		
Y1.6	3#机器人编码 4		
Y2.3	1#螺丝机启动		

4. 机器人与总控系统通信

本工作站与总控系统通信使用了机器人的编码/解码功能。以 IR[1]储存器作为解码信号存放点,即 PLC 总控发送给机器人的信号;以 IR[2]储存器作为编码信号存放点,即机器人发送给 PLC 总控的信号。

SCARA 自动打螺丝工作站编码/解码信号如表 5.2 所示。

表 5.2 SCARA 自动打螺丝工作站编码/解码信号

机 器 人 解 码		机 器 人 编 码	
IR[1]=1	机器人允许打螺丝	IR[2]=1	机器人允许打螺丝反馈
IR[1]=2	机器人执行打螺丝	IR[2]=2	机器人执行打螺丝反馈
IR[1]=3	机器人打螺丝完成反馈	IR[2]=3	机器人打螺丝完成

5.4　SCARA 自动打螺丝工作站程序编写

SCARA 自动打螺丝工作站参考程序如下。

1. 主程序

```
WITH ROBOT
ATTACH ROBOT
ATTACH EXT_AXES
JRATE= 30
IR[2]= 0
D_OUT[20] =  OFF
DELAY ROBOT 200
CALL WAIT(D_IN[17],ON)        '螺丝机没有故障
CALL WAIT(D_IN[18],ON)        '螺丝机就绪
WHILE TRUE
'(WRITE YOUR CODE HERE)

IF IR[1]= 1 THEN
SLEEP 1
CALL DLS        '调用子程序
SLEEP 1
END IF

SLEEP 100
END WHILE
DETACH ROBOT
DETACH EXT_AXES
END WITH
END PROGRAM
```

2. 子程序

```
PUBLIC SUB DLS
'(WRITE YOUR CODE HERE)
DIM M AS LONG
IR[2]= 1        '程序调用反馈
```

```
WHILE IR[1]< > 3

M= 0
D_OUT[20] = OFF      '螺丝机启动关闭
DELAY ROBOT 200

MOVE ROBOT   JR[10]      '等待点

WHILE IR[1]< > 2      '等待允许动作信号
SLEEP 100
END WHILE
SLEEP 1
IR[2]= 2     '机器人反馈

'第一个孔
CALL WAIT(D_IN[17],ON)     '螺丝机没有故障
CALL WAIT(D_IN[18],ON)     '螺丝机就绪
MOVE ROBOT   LR[11]+ LR[89]      '第一个拧螺丝位上方
MOVES ROBOT   LR[11]      '第一个拧螺丝位
DELAY ROBOT 1
SLEEP 1
D_OUT[20] = ON     '启动拧螺丝
SLEEP 100
'判断锁附情况
WHILE M= 0

IF D_IN[20]= ON THEN      'NG
D_OUT[20] = OFF      '螺丝机启动关闭
DELAY ROBOT 200
SLEEP 1
IR[2]= 4     '第一颗螺丝滑牙报警
M= 1
END IF

IF D_IN[19]= ON THEN      'OK
D_OUT[20] = OFF      '螺丝机启动关闭
DELAY ROBOT 200
```

```
SLEEP 1
M= 1
END IF


IF D_IN[17]= OFF THEN      '螺丝机故障
D_OUT[20] =  OFF      '螺丝机启动关闭
DELAY ROBOT 200
SLEEP 1
M= 1
END IF
SLEEP 100
END WHILE
M= 0
MOVES ROBOT  LR[11]+ LR[89]      '第一个拧螺丝位上方
DELAY ROBOT 1


'第二个孔
CALL WAIT(D_IN[17],ON)      '螺丝机没有故障
CALL WAIT(D_IN[18],ON)      '螺丝机就绪
MOVE ROBOT  LR[12]+ LR[89]      '第二个拧螺丝位上方
MOVES ROBOT  LR[12]      '第二个拧螺丝位
DELAY ROBOT 1
SLEEP 1
D_OUT[20] =  ON      '启动拧螺丝
SLEEP 100
'判断锁附情况
WHILE M= 0
IF D_IN[20]= ON THEN      'NG
D_OUT[20] =  OFF      '螺丝机启动关闭
DELAY ROBOT 200
SLEEP 1
IR[2]= 5      '第二颗螺丝滑牙报警
M= 1
END IF


IF D_IN[19]= ON THEN      'OK
D_OUT[20] =  OFF      '螺丝机启动关闭
```

```
DELAY ROBOT 200
SLEEP 1
M= 1
END IF


IF D_IN[17]= OFF THEN        '螺丝机故障
D_OUT[20] =  OFF        '螺丝机启动关闭
DELAY ROBOT 200
SLEEP 1
M= 1
END IF
SLEEP 100
END WHILE
M= 0
MOVES ROBOT   LR[12]+ LR[89]        '第二个拧螺丝位上方
DELAY ROBOT 1


'第三个孔
CALL WAIT(D_IN[17],ON)        '螺丝机没有故障
CALL WAIT(D_IN[18],ON)        '螺丝机就绪
MOVE ROBOT   LR[13]+ LR[89]        '第三个拧螺丝位上方
MOVES ROBOT   LR[13]        '第三个拧螺丝位
DELAY ROBOT 1
SLEEP 1
D_OUT[20] =  ON        '启动拧螺丝
SLEEP 100
'判断锁附情况
WHILE M= 0


IF D_IN[20]= ON THEN        'NG
D_OUT[20] =  OFF        '螺丝机启动关闭
DELAY ROBOT 200
SLEEP 1
IR[2]= 6        '第三颗螺丝滑牙报警
M= 1
END IF
```

```
IF D_IN[19]= ON THEN        'OK
D_OUT[20] =  OFF      '螺丝机启动关闭
DELAY ROBOT 200
SLEEP 1
M= 1
END IF


IF D_IN[17]= OFF THEN       '螺丝机故障
D_OUT[20] =  OFF      '螺丝机启动关闭
DELAY ROBOT 200
SLEEP 1
M= 1
END IF
SLEEP 100
END WHILE
M= 0
MOVES ROBOT  LR[13]+ LR[89]      '第三个拧螺丝位上方
DELAY ROBOT 1


'第四个孔
CALL WAIT(D_IN[17],ON)     '螺丝机没有故障
CALL WAIT(D_IN[18],ON)      '螺丝机就绪
MOVE ROBOT   LR[14]+ LR[89]      '第四个拧螺丝位上方
MOVES ROBOT   LR[14]    '第四个拧螺丝位
DELAY ROBOT 1
SLEEP 1
D_OUT[20] =  ON      '启动拧螺丝
SLEEP 100
'判断锁附情况
WHILE M= 0


IF D_IN[20]= ON THEN       'NG
D_OUT[20] =  OFF      '螺丝机启动关闭
DELAY ROBOT 200
SLEEP 1
IR[2]= 7    '第四颗螺丝滑牙报警
M= 1
```

```
END IF

IF D_IN[19]= ON THEN        'OK
D_OUT[20] =  OFF       '螺丝机启动关闭
DELAY ROBOT 200
SLEEP 1
M= 1
END IF

IF D_IN[17]= OFF THEN        '螺丝机故障
D_OUT[20] =  OFF       '螺丝机启动关闭
DELAY ROBOT 200
SLEEP 1
M= 1
END IF
SLEEP 100
END WHILE
M= 0
MOVES ROBOT   LR[14]+ LR[89]        '第四个拧螺丝位上方
DELAY ROBOT 1

'第五个孔
CALL WAIT(D_IN[17],ON)       '螺丝机没有故障
CALL WAIT(D_IN[18],ON)       '螺丝机就绪
MOVE ROBOT   LR[15]+ LR[89]       '第五个拧螺丝位上方
MOVES ROBOT   LR[15]      '第五个拧螺丝位
DELAY ROBOT 1
SLEEP 1
D_OUT[20] =  ON       '启动拧螺
SLEEP 100
'判断螺丝锁附情况
WHILE M= 0

IF D_IN[20]= ON THEN        'NG
D_OUT[20] =  OFF       '螺丝机启动关闭
DELAY ROBOT 200
SLEEP 1
```

```
IR[2]= 8      '第五颗螺丝滑牙报警
M= 1
END IF


IF D_IN[19]= ON THEN      'OK
D_OUT[20] = OFF     '螺丝机启动关闭
DELAY ROBOT 200
SLEEP 1
M= 1
END IF


IF D_IN[17]= OFF THEN     '螺丝机故障
D_OUT[20] = OFF      '螺丝机启动关闭
DELAY ROBOT 200
SLEEP 1
M= 1
END IF
SLEEP 100
END WHILE
M= 0
MOVES ROBOT   LR[15]+ LR[89]       '第五个拧螺丝位上方
DELAY ROBOT 1


'第六个孔
CALL WAIT(D_IN[17],ON)     '螺丝机没有故障
CALL WAIT(D_IN[18],ON)     '螺丝机就绪
MOVE ROBOT   LR[16]+ LR[89]      '第六个拧螺丝位上方
MOVES ROBOT   LR[16]      '第六个拧螺丝位
DELAY ROBOT 1
SLEEP 1
D_OUT[20] = ON      '启动拧螺丝
SLEEP 100
'判断锁附情况
WHILE M= 0


IF D_IN[20]= ON THEN      'NG
D_OUT[20] = OFF      '螺丝机启动关闭
```

```
DELAY ROBOT 200
SLEEP 1
IR[2]= 9      '第六颗螺丝滑牙报警
M= 1
END IF


IF D_IN[19]= ON THEN        'OK
D_OUT[20] =  OFF      '螺丝机启动关闭
DELAY ROBOT 200
SLEEP 1
M= 1
END IF


IF D_IN[17]= OFF THEN       '螺丝机故障
D_OUT[20] =  OFF      '螺丝机启动关闭
DELAY ROBOT 200
SLEEP 1
M= 1
END IF
SLEEP 100
END WHILE
M= 0
MOVES ROBOT   LR[16]+ LR[89]        '第六个拧螺丝位上方
DELAY ROBOT 1
SLEEP 1
IR[2]= 3      '机器人动作完成
WHILE IR[1]< > 3
SLEEP 100
END WHILE


SLEEP 100
END WHILE
MOVE ROBOT   JR[10]       '等待点
DELAY ROBOT 1
SLEEP 1
IR[2]= 0      '反馈复位
END SUB
```

第6章 JR605自动打螺丝工作站

6.1 JR605自动打螺丝工作站组成

1. JR605自动打螺丝工作站结构

本工作站主要对法兰进行打螺丝操作,配置了 HSR-JR605 机器人,外接螺丝机。其结构如图 6.1 所示。

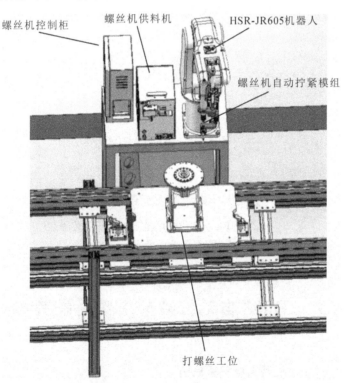

图 6.1 JR605 自动打螺丝工作站结构

2. 螺丝机的组成

本工作站采用的螺丝机由联威(深圳)科技有限公司的螺丝机自动拧紧模组与 HG-40 供料机组成。详细结构可参考本书 5.1 节,此处不再赘述。

6.2 JR605 自动打螺丝工作站工作流程

1. 螺丝机工作流程

本工作站螺丝机主要采用吹钉式控制,其流程可参考本书 5.2 节的介绍,此处不再赘述。

2. JR605 自动打螺丝工作站工作流程

本工作站的工作流程大致如图 6.2 所示。

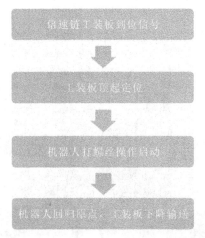

倍速链工装板到位信号

工装板顶起定位

机器人打螺丝操作启动

机器人回归原点,工装板下降输送

6.2 JR605 自动打螺丝工作站工作流程

本工作站机器人的动作流程如图 6.3 所示。

6.3 JR605 自动打螺丝工作站电气系统

1. HSR-JR605 机器人电气原理图

本生产线中,7♯与 9♯工位为 HSR-JR605 机器人打螺丝工位,其电气原理

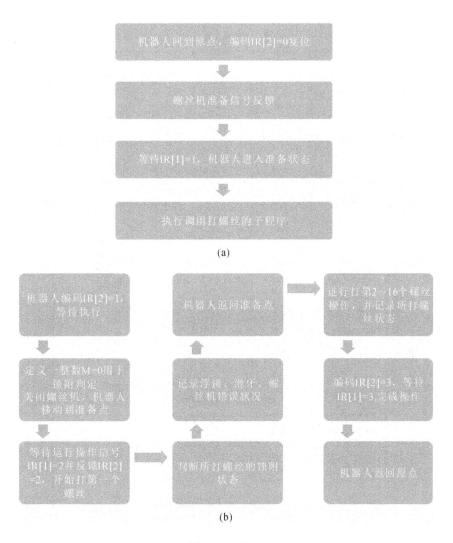

(a)

(b)

图 6.3　JR605 自动打螺丝工作站机器人的动作流程

(a)主程序流程　(b)子程序流程

图如图 6.4 所示。

2. 自动打螺丝机器人的相关设置

自动打螺丝机器人的相关设置可从螺丝机控制柜主页面进去,详细的设置方法可参考本书 5.3 节内容,此处不再赘述。

3. I/O 配置

本工作站 7♯工位的 I/O 配置如表 6.1 所示。

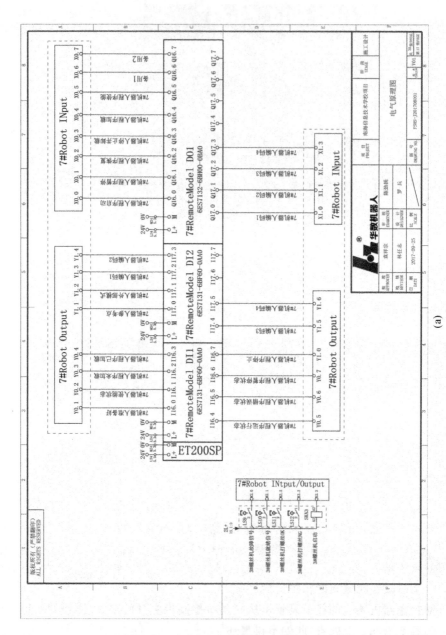

图 6.4 JR605自动打螺丝工作站机器人电气原理图

（a）7#工位HRS-JR605机器人电气原理图　（b）9#工位HRS-JR605机器人电气原理图

版权所有（严禁翻印）
ALL RIGHTS RESERVED

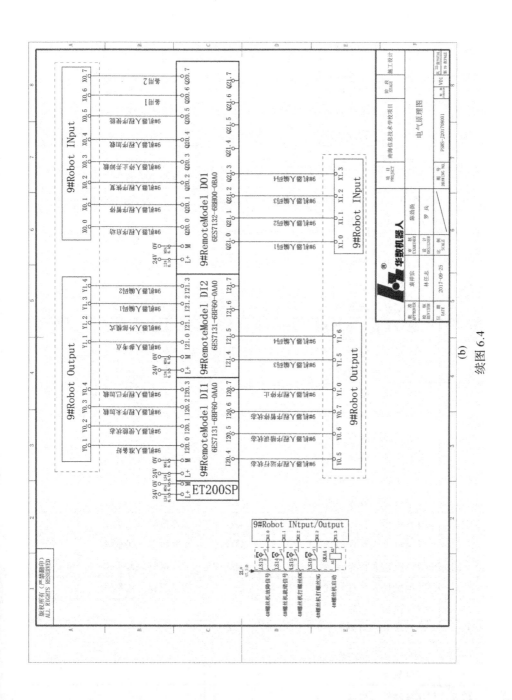

续图 6.4

表 6.1　JR605 自动打螺丝工作站 7#工位 I/O 配置

机器人 I/O 配置		总控 PLC I/O 配置	
X0.0	7#机器人程序启动	I16.0	7#机器人准备好
X0.1	7#机器人程序暂停	I16.1	7#机器人使能状态
X0.2	7#机器人程序恢复	I16.2	7#机器人程序未加载
X0.3	7#机器人停止并卸载	I16.3	7#机器人程序已加载
X0.4	7#机器人程序加载	I16.4	7#机器人程序运行状态
X0.5	7#机器人程序使能	I16.5	7#机器人程序错误状态
X0.6	备用1	I16.6	7#机器人程序暂停状态
X0.7	备用2	I16.7	7#机器人程序停止
X1.0	7#机器人编码1	I17.0	7#机器人参考点
X1.1	7#机器人编码2	I17.1	7#机器人外部模式
X1.2	7#机器人编码3	I17.2	7#机器人编码1
X1.3	7#机器人编码4	I17.3	7#机器人编码2
X2.0	3#螺丝机故障信号	I17.4	7#机器人编码3
X2.1	3#螺丝机就绪信号	I17.5	7#机器人编码4
X2.2	3#螺丝机打螺丝 OK	Q16.0	7#机器人程序启动
X2.3	3#螺丝机打螺丝 NG	Q16.1	7#机器人程序暂停
Y0.1	7#机器人准备好	Q16.2	7#机器人程序恢复
Y0.2	7#机器人使能状态	Q16.3	7#机器人停止并卸载
Y0.3	7#机器人程序未加载	Q16.4	7#机器人程序加载
Y0.4	7#机器人程序已加载	Q16.5	7#机器人程序使能
Y0.5	7#机器人程序运行状态	Q16.6	备用1
Y0.6	7#机器人程序错误状态	Q16.7	备用2
Y0.7	7#机器人程序暂停状态	Q17.0	7#机器人编码1
Y1.0	7#机器人程序停止	Q17.1	7#机器人编码2
Y1.1	7#机器人参考点	Q17.2	7#机器人编码3
Y1.2	7#机器人外部模式	Q17.3	7#机器人编码4
Y1.3	7#机器人编码1		
Y1.4	7#机器人编码2		
Y1.5	7#机器人编码3		
Y1.6	7#机器人编码4		
Y2.3	3#螺丝机启动		

4. 机器人与总控系统通信

本工作站与总控系统通信使用了机器人的编码/解码功能。以 IR[1]储存器作为解码信号存放点,即 PLC 总控发送给机器人的信号;以 IR[2]储存器作为编码信号存放点,即机器人发送给 PLC 总控的信号。

JR605 自动打螺丝工作站编码/解码信号如表 6.2 所示。

表 6.2 JR605 自动打螺丝工作站编码/解码信号

机 器 人 解 码		机 器 人 编 码	
IR[1]＝1	机器人允许打螺丝	IR[2]＝1	机器人允许打螺丝反馈
IR[1]＝2	机器人执行打螺丝	IR[2]＝2	机器人执行打螺丝反馈
IR[1]＝3	机器人打螺丝完成反馈	IR[2]＝3	机器人打螺丝完成

6.4 JR605 自动打螺丝工作站程序编写

JR605 自动打螺丝工作站参考程序如下。

1. 主程序

```
WITH ROBOT
ATTACH ROBOT
ATTACH EXT_AXES
IR[2]= 0
D_OUT[17] =  ON
D_OUT[20] =  OFF
DELAY ROBOT 200
CALL WAIT( D_IN[17],ON)      '螺丝机没有故障
CALL WAIT( D_IN[18],ON)      '螺丝机就绪
MOVE ROBOT   JR[10]
WHILE TRUE
'(WRITE YOUR CODE HERE)
IF IR[1]= 1 THEN
CALL SCREW3      '调用子程序
END IF

SLEEP 100
```

```
END WHILE
DETACH ROBOT
DETACH EXT_AXES
END WITH
END PROGRAM
```

2. 子程序

```
PUBLIC SUB SCREW3
DIM M AS LONG
IR[2]= 1        '程序调用反馈
WHILE IR[1]< > 3
M= 0
D_OUT[17] = ON      '螺丝机使能打开
D_OUT[20] = OFF      '螺丝机启动关闭
DELAY ROBOT 200


MOVE ROBOT  JR[10]      '等待点


WHILE IR[1]< > 2      '等待允许动作信号
SLEEP 100
END WHILE
SLEEP 1
IR[2]= 2       '机器人反馈


'第一个孔
CALL WAIT(D_IN[17],ON)      '螺丝机没有故障
CALL WAIT(D_IN[18],ON)      '螺丝机就绪
MOVE ROBOT  LR[11]+ LR[89]       '第一个拧螺丝位上方
MOVES ROBOT  LR[11]      '第一个拧螺丝位
DELAY ROBOT 1
SLEEP 1
D_OUT[20] = ON       '启动拧螺丝
SLEEP 100
'判断锁附情况
WHILE M= 0


IF D_IN[20]= ON THEN      'NG
```

```
D_OUT[20] = OFF      '螺丝机启动关闭
DELAY ROBOT 200
SLEEP 1
IR[2]= 4      '第一颗螺丝滑牙报警
M= 1
END IF


IF D_IN[19]= ON THEN      'OK
D_OUT[20] = OFF      '螺丝机启动关闭
DELAY ROBOT 200
SLEEP 1
M= 1
END IF


IF D_IN[17]= OFF THEN      '螺丝机故障
D_OUT[20] = OFF      '螺丝机启动关闭
DELAY ROBOT 200
SLEEP 1
M= 1
END IF
SLEEP 100
END WHILE
M= 0
MOVES ROBOT  LR[11]+ LR[89]      '第一个拧螺丝位上方
DELAY ROBOT 1


'第二个孔
CALL WAIT(D_IN[17],ON)      '螺丝机没有故障
CALL WAIT(D_IN[18],ON)      '螺丝机就绪
MOVE ROBOT  LR[12]+ LR[89]      '第二个拧螺丝位上方
MOVES ROBOT  LR[12]      '第二个拧螺丝位
DELAY ROBOT 1
SLEEP 1
D_OUT[20] = ON      '启动拧螺丝
SLEEP 100
'判断锁附情况
WHILE M= 0
```

```
IF D_IN[20]= ON THEN        'NG
D_OUT[20] =  OFF       '螺丝机启动关闭
DELAY ROBOT 200
SLEEP 1
IR[2]= 5        '第二颗螺丝滑牙报警
M= 1
END IF


IF D_IN[19]= ON THEN        'OK
D_OUT[20] =  OFF       '螺丝机启动关闭
DELAY ROBOT 200
SLEEP 1
M= 1
END IF


IF D_IN[17]= OFF THEN       '螺丝机故障
D_OUT[20] =  OFF       '螺丝机启动关闭
DELAY ROBOT 200
SLEEP 1
M= 1
END IF
SLEEP 100
END WHILE
M= 0
MOVES ROBOT   LR[12]+ LR[89]       '第二个拧螺丝位上方
DELAY ROBOT 1
'第三个孔
CALL WAIT(D_IN[17],ON)       '螺丝机没有故障
CALL WAIT(D_IN[18],ON)       '螺丝机就绪
MOVE ROBOT   LR[13]+ LR[89]       '第三个拧螺丝位上方
MOVES ROBOT   LR[13]        '第三个拧螺丝位
DELAY ROBOT 1
SLEEP 1
D_OUT[20] =  ON        '启动拧螺丝
SLEEP 100
'判断锁附情况
WHILE M= 0
```

```
IF D_IN[20]= ON THEN        'NG
D_OUT[20] =  OFF      '螺丝机启动关闭
DELAY ROBOT 200
SLEEP 1
IR[2]= 6      '第三颗螺丝滑牙报警
M= 1
END IF


IF D_IN[19]= ON THEN        'OK
D_OUT[20] =  OFF      '螺丝机启动关闭
DELAY ROBOT 200
SLEEP 1
M= 1
END IF


IF D_IN[17]= OFF THEN        '螺丝机故障
D_OUT[20] =  OFF       '螺丝机启动关闭
DELAY ROBOT 200
SLEEP 1
M= 1
END IF
SLEEP 100
END WHILE
M= 0
MOVES ROBOT  LR[13]+ LR[89]      '第三个拧螺丝位上方
DELAY ROBOT 1


'第四个孔
CALL WAIT(D_IN[17],ON)      '螺丝机没有故障
CALL WAIT(D_IN[18],ON)      '螺丝机就绪
MOVE ROBOT  LR[14]+ LR[89]      '第四个拧螺丝位上方
MOVES ROBOT  LR[14]      '第四个拧螺丝位
DELAY ROBOT 1
SLEEP 1
D_OUT[20] =  ON      '启动拧螺丝
SLEEP 100
'判断锁附情况
```

```
WHILE M= 0

IF D_IN[20]= ON THEN      'NG
D_OUT[20] = OFF      '螺丝机启动关闭
DELAY ROBOT 200
SLEEP 1
IR[2]= 7      '第四颗螺丝滑牙报警
M= 1
END IF

IF D_IN[19]= ON THEN      'OK
D_OUT[20] = OFF      '螺丝机启动关闭
DELAY ROBOT 200
SLEEP 1
M= 1
END IF

IF D_IN[17]= OFF THEN      '螺丝机故障
D_OUT[20] = OFF      '螺丝机启动关闭
DELAY ROBOT 200
SLEEP 1
M= 1
END IF
SLEEP 100
END WHILE
M= 0
MOVES ROBOT  LR[14]+ LR[89]      '第四个拧螺丝位上方
DELAY ROBOT 1

'第五个孔
CALL WAIT(D_IN[17],ON)      '螺丝机没有故障
CALL WAIT(D_IN[18],ON)      '螺丝机就绪
MOVE ROBOT  LR[15]+ LR[89]      '第五个拧螺丝位上方
MOVES ROBOT  LR[15]      '第五个拧螺丝位
DELAY ROBOT 1
SLEEP 1
D_OUT[20] = ON      '启动打螺丝
```

```
SLEEP 100
'判断锁附情况
WHILE M= 0
IF D_IN[20]= ON THEN      'NG
D_OUT[20] = OFF      '螺丝机启动关闭
DELAY ROBOT 200
SLEEP 1
IR[2]= 8      '第五颗螺丝滑牙报警
M= 1
END IF


IF D_IN[19]= ON THEN      'OK
D_OUT[20] = OFF      '螺丝机启动关闭
DELAY ROBOT 200
SLEEP 1
M= 1
END IF


IF D_IN[17]= OFF THEN      '螺丝机故障
D_OUT[20] = OFF      '螺丝机启动关闭
DELAY ROBOT 200
SLEEP 1
M= 1
END IF
SLEEP 100
END WHILE
M= 0
MOVES ROBOT  LR[15]+ LR[89]      '第五个拧螺丝位上方
DELAY ROBOT 1

'第六个孔
CALL WAIT(D_IN[17],ON)      '螺丝机没有故障
CALL WAIT(D_IN[18],ON)      '螺丝机就绪
MOVE ROBOT  LR[16]+ LR[89]      '第六个拧螺丝位上方
MOVES ROBOT  LR[16]      '第六个拧螺丝位
DELAY ROBOT 1
SLEEP 1
```

```
D_OUT[20] =  ON       '启动拧螺丝
SLEEP 100
'判断锁附情况
WHILE M= 0

IF D_IN[20]= ON THEN      'NG
D_OUT[20] =  OFF      '螺丝机启动关闭
DELAY ROBOT 200
SLEEP 1
IR[2]= 9      '第六颗螺丝滑牙报警
M= 1
END IF

IF D_IN[19]= ON THEN      'OK
D_OUT[20] =  OFF      '螺丝机启动关闭
DELAY ROBOT 200
SLEEP 1
M= 1
END IF

IF D_IN[17]= OFF THEN      '螺丝机故障
D_OUT[20] =  OFF       '螺丝机启动关闭
DELAY ROBOT 200
SLEEP 1
M= 1
END IF
SLEEP 100
END WHILE
M= 0
MOVES ROBOT  LR[16]+ LR[89]      '第六个拧螺丝位上方
DELAY ROBOT 1

'第七个孔
CALL WAIT(D_IN[17],ON)    '螺丝机没有故障
CALL WAIT(D_IN[18],ON)     '螺丝机就绪
MOVE ROBOT  LR[17]+ LR[89]     '第七个拧螺丝位上方
MOVES ROBOT  LR[17]     '第七个拧螺丝位
```

```
DELAY ROBOT 1
SLEEP 1
D_OUT[20] = ON      '启动拧螺丝
SLEEP 100
'判断锁附情况
WHILE M= 0


IF D_IN[20]= ON THEN      'NG
D_OUT[20] = OFF      '螺丝机启动关闭
DELAY ROBOT 200
SLEEP 1
IR[2]= 9      '第七颗螺丝滑牙报警
M= 1
END IF


IF D_IN[19]= ON THEN      'OK
D_OUT[20] = OFF      '螺丝机启动关闭
DELAY ROBOT 200
SLEEP 1
M= 1
END IF


IF D_IN[17]= OFF THEN      '螺丝机故障
D_OUT[20] = OFF      '螺丝机启动关闭
DELAY ROBOT 200
SLEEP 1
M= 1
END IF
SLEEP 100
END WHILE
M= 0
MOVES ROBOT  LR[17]+ LR[89]      '第七个拧螺丝位上方
DELAY ROBOT 1


'第八个孔
CALL WAIT(D_IN[17],ON)      '螺丝机没有故障
CALL WAIT(D_IN[18],ON)      '螺丝机就绪
```

```
MOVE ROBOT    LR[18]+ LR[89]      '第八个拧螺丝位上方
MOVES ROBOT    LR[18]      '第八个拧螺丝位
DELAY ROBOT 1
SLEEP 1
D_OUT[20] =  ON      '启动拧螺丝
SLEEP 100
'判断锁附情况
WHILE M= 0


IF D_IN[20]= ON THEN      'NG
D_OUT[20] =  OFF     '螺丝机启动关闭
DELAY ROBOT 200
SLEEP 1
IR[2]= 9      '第八颗螺丝滑牙报警
M= 1
END IF


IF D_IN[19]= ON THEN      'OK
D_OUT[20] =  OFF     '螺丝机启动关闭
DELAY ROBOT 200
SLEEP 1
M= 1
END IF


IF D_IN[17]= OFF THEN     '螺丝机故障
D_OUT[20] =  OFF     '螺丝机启动关闭
DELAY ROBOT 200
SLEEP 1
M= 1
END IF
SLEEP 100
END WHILE
M= 0
MOVES ROBOT    LR[18]+ LR[89]      '第八个拧螺丝位上方
DELAY ROBOT 1


'第九个孔
```

```
CALL WAIT(D_IN[17],ON)      '螺丝机没有故障
CALL WAIT(D_IN[18],ON)      '螺丝机就绪
MOVE ROBOT   LR[19]+ LR[89]     '第九个拧螺丝位上方
MOVES ROBOT   LR[19]     '第九个拧螺丝位
DELAY ROBOT 1
SLEEP 1
D_OUT[20] = ON      '启动拧螺丝
SLEEP 100
'判断锁附情况
WHILE M= 0

IF D_IN[20]= ON THEN      'NG
D_OUT[20] = OFF     '螺丝机启动关闭
DELAY ROBOT 200
SLEEP 1
IR[2]= 9      '第九颗螺丝滑牙报警
M= 1
END IF

IF D_IN[19]= ON THEN      'OK
D_OUT[20] = OFF     '螺丝机启动关闭
DELAY ROBOT 200
SLEEP 1
M= 1
END IF

IF D_IN[17]= OFF THEN      '螺丝机故障
D_OUT[20] = OFF      '螺丝机启动关闭
DELAY ROBOT 200
SLEEP 1
M= 1
END IF
SLEEP 100
END WHILE
M= 0
MOVES ROBOT   LR[19]+ LR[89]      '第九个拧螺丝位上方
DELAY ROBOT 1
```

```
'第十个孔
CALL WAIT(D_IN[17],ON)      '螺丝机没有故障
CALL WAIT(D_IN[18],ON)      '螺丝机就绪
MOVE ROBOT   LR[20]+ LR[89]      '第十个拧螺丝位上方
MOVES ROBOT   LR[20]      '第十个拧螺丝位
DELAY ROBOT 1
SLEEP 1
D_OUT[20] =  ON      '启动拧螺丝
SLEEP 100
'判断锁附情况
WHILE M= 0


IF D_IN[20]= ON THEN      'NG
D_OUT[20] =  OFF      '螺丝机启动关闭
DELAY ROBOT 200
SLEEP 1
IR[2]= 9      '第十颗螺丝滑牙报警
M= 1
END IF


IF D_IN[19]= ON THEN      'OK
D_OUT[20] =  OFF      '螺丝机启动关闭
DELAY ROBOT 200
SLEEP 1
M= 1
END IF


IF D_IN[17]= OFF THEN      '螺丝机故障
D_OUT[20] =  OFF      '螺丝机启动关闭
DELAY ROBOT 200
SLEEP 1
M= 1
END IF
SLEEP 100
END WHILE
M= 0
MOVES ROBOT   LR[20]+ LR[89]      '第十个拧螺丝位上方
```

```
DELAY ROBOT 1


'第十一个孔
CALL WAIT(D_IN[17],ON)      '螺丝机没有故障
CALL WAIT(D_IN[18],ON)      '螺丝机就绪
MOVE ROBOT   LR[21]+ LR[89]      '第十一个拧螺丝位上方
MOVES ROBOT   LR[21]      '第十一个拧螺丝位
DELAY ROBOT 1
SLEEP 1
D_OUT[20] =  ON      '启动拧螺丝
SLEEP 100
'判断锁附情况
WHILE M= 0


IF D_IN[20]= ON THEN      'NG
D_OUT[20] =  OFF      '螺丝机启动关闭
DELAY ROBOT 200
SLEEP 1
IR[2]= 9      '第十一颗螺丝滑牙报警
M= 1
END IF


IF D_IN[19]= ON THEN      'OK
D_OUT[20] =  OFF      '螺丝机启动关闭
DELAY ROBOT 200
SLEEP 1
M= 1
END IF


IF D_IN[17]= OFF THEN      '螺丝机故障
D_OUT[20] =  OFF      '螺丝机启动关闭
DELAY ROBOT 200
SLEEP 1
M= 1
END IF
SLEEP 100
END WHILE
```

```
M= 0
MOVES ROBOT   LR[21]+ LR[89]        '第十一个拧螺丝位上方
DELAY ROBOT 1


'第十二个孔
CALL WAIT(D_IN[17],ON)       '螺丝机没有故障
CALL WAIT(D_IN[18],ON)       '螺丝机就绪
MOVE ROBOT   LR[22]+ LR[89]        '第十二个拧螺丝位上方
MOVES ROBOT   LR[22]        '第十二个拧螺丝位
DELAY ROBOT 1
SLEEP 1
D_OUT[20] =  ON        '启动拧螺丝
SLEEP 100
'判断锁附情况
WHILE M= 0


IF D_IN[20]= ON THEN       'NG
D_OUT[20] =  OFF       '螺丝机启动关闭
DELAY ROBOT 200
SLEEP 1
IR[2]= 9    '第十二颗螺丝滑牙报警
M= 1
END IF


IF D_IN[19]= ON THEN       'OK
D_OUT[20] =  OFF       '螺丝机启动关闭
DELAY ROBOT 200
SLEEP 1
M= 1
END IF


IF D_IN[17]= OFF THEN       '螺丝机故障
D_OUT[20] =  OFF       '螺丝机启动关闭
DELAY ROBOT 200
SLEEP 1
M= 1
END IF
```

```
SLEEP 100
END WHILE
M= 0
MOVES ROBOT   LR[22]+ LR[89]        '第十二个拧螺丝位上方
DELAY ROBOT 1


'第十三个孔
CALL WAIT(D_IN[17],ON)      '螺丝机没有故障
CALL WAIT(D_IN[18],ON)      '螺丝机就绪
MOVE ROBOT   LR[23]+ LR[89]        '第十三个拧螺丝位上方
MOVES ROBOT   LR[23]      '第十三个拧螺丝位
DELAY ROBOT 1
SLEEP 1
D_OUT[20] = ON      '启动拧螺丝
SLEEP 100
'判断锁附情况
WHILE M= 0


IF D_IN[20]= ON THEN        'NG
D_OUT[20] = OFF      '螺丝机启动关闭
DELAY ROBOT 200
SLEEP 1
IR[2]= 9      '第十三颗螺丝滑牙报警
M= 1
END IF


IF D_IN[19]= ON THEN        'OK
D_OUT[20] = OFF      '螺丝机启动关闭
DELAY ROBOT 200
SLEEP 1
M= 1
END IF


IF D_IN[17]= OFF THEN        '螺丝机故障
D_OUT[20] = OFF      '螺丝机启动关闭
DELAY ROBOT 200
SLEEP 1
```

```
M= 1
END IF
SLEEP 100
END WHILE
M= 0
MOVES ROBOT   LR[23]+ LR[89]        '第十三个拧螺丝位上方
DELAY ROBOT 1


'第十四个孔
CALL WAIT(D_IN[17],ON)      '螺丝机没有故障
CALL WAIT(D_IN[18],ON)      '螺丝机就绪
MOVE ROBOT   LR[24]+ LR[89]      '第十四拧螺丝位上方
MOVES ROBOT   LR[24]      '第十四个拧螺丝位
DELAY ROBOT 1
SLEEP 1
D_OUT[20] =  ON      '启动拧螺丝
SLEEP 100
'判断锁附情况
WHILE M= 0


IF D_IN[20]= ON THEN      'NG
D_OUT[20] =  OFF      '螺丝机启动关闭
DELAY ROBOT 200
SLEEP 1
IR[2]= 9      '第十四颗螺丝滑牙报警
M= 1
END IF


IF D_IN[19]= ON THEN      'OK
D_OUT[20] =  OFF      '螺丝机启动关闭
DELAY ROBOT 200
SLEEP 1
M= 1
END IF


IF D_IN[17]= OFF THEN      '螺丝机故障
D_OUT[20] =  OFF      '螺丝机启动关闭
```

```
DELAY ROBOT 200
SLEEP 1
M= 1
END IF
SLEEP 100
END WHILE
M= 0
MOVES ROBOT　LR[24]+ LR[89]　　'第十四个拧螺丝位上方
DELAY ROBOT 1


'第十五个孔
CALL WAIT(D_IN[17],ON)　　'螺丝机没有故障
CALL WAIT(D_IN[18],ON)　　'螺丝机就绪
MOVE ROBOT　LR[25]+ LR[89]　　'第十五个拧螺丝位上方
MOVES ROBOT　LR[25]　　'第十五个拧螺丝位
DELAY ROBOT 1
SLEEP 1
D_OUT[20] = ON　　'启动拧螺丝
SLEEP 100
'判断锁附情况
WHILE M= 0


IF D_IN[20]= ON THEN　　'NG
D_OUT[20] = OFF　　'螺丝机启动关闭
DELAY ROBOT 200
SLEEP 1
IR[2]= 9　　'第十五颗螺丝滑牙报警
M= 1
END IF


IF D_IN[19]= ON THEN　　'OK
D_OUT[20] = OFF　　'螺丝机启动关闭
DELAY ROBOT 200
SLEEP 1
M= 1
END IF
```

```
IF D_IN[17]= OFF THEN        '螺丝机故障
D_OUT[20] =  OFF      '螺丝机启动关闭
DELAY ROBOT 200
SLEEP 1
M= 1
END IF
SLEEP 100
END WHILE
M= 0
MOVES ROBOT   LR[25]+ LR[89]       '第十五个拧螺丝位上方
DELAY ROBOT 1


'第十六个孔
CALL WAIT(D_IN[17],ON)      '螺丝机没有故障
CALL WAIT(D_IN[18],ON)      '螺丝机就绪
MOVE ROBOT   LR[26]+ LR[89]       '第十六个拧螺丝位上方
MOVES ROBOT   LR[26]      '第十六个拧螺丝位
DELAY ROBOT 1
SLEEP 1
D_OUT[20] =  ON      '启动拧螺丝
SLEEP 100
'判断锁附情况
WHILE M= 0


IF D_IN[20]= ON THEN        'NG
D_OUT[20] =  OFF     '螺丝机启动关闭
DELAY ROBOT 200
SLEEP 1
IR[2]= 9     '第十六颗螺丝滑牙报警
M= 1
END IF


IF D_IN[19]= ON THEN        'OK
D_OUT[20] =  OFF     '螺丝机启动关闭
DELAY ROBOT 200
SLEEP 1
M= 1
```

```
END IF

IF D_IN[17]= OFF THEN      '螺丝机故障
D_OUT[20] =  OFF      '螺丝机启动关闭
DELAY ROBOT 200
SLEEP 1
M= 1
END IF
SLEEP 100
END WHILE
M= 0
MOVES ROBOT   LR[26]+ LR[89]      '第十六个拧螺丝位上方
DELAY ROBOT 1


SLEEP 1
IR[2]= 3     '机器人动作完成
WHILE IR[1]< > 3


SLEEP 100
END WHILE
SLEEP 100
END WHILE
MOVE ROBOT   JR[10]      '等待点
DELAY ROBOT 1
SLEEP 1
IR[2]= 0     '反馈复位
END SUB
```

第 7 章 法兰装配工作站

7.1 法兰装配工作站组成

本工作站主要进行法兰的装配,配置了 HSR-JR612 机器人,外接夹具。

1. 法兰装配工作站结构

本工作站主要由 HSR-JR612 机器人、法兰暂存台、法兰装配工位、法兰压紧工位等组成。其结构如图 7.1 所示。

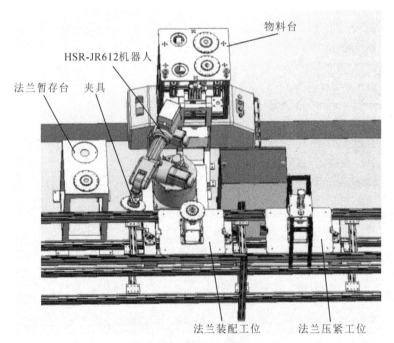

图 7.1 法兰装配工作站结构

2. 法兰装配工作站夹具结构

本工作站夹具为抓取法兰工件特制，主要由三爪气缸、接近开关、止推机构、手指等部分组成。其结构如图 7.2 所示。

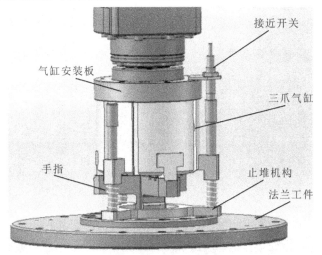

图 7.2　法兰装配工作站夹具结构

7.2　法兰装配工作站工作流程

本工作站的工作流程大致如图 7.3 所示。

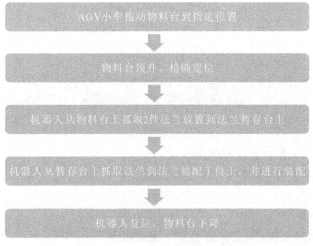

图 7.3　法兰装配工作站工作流程

本工作站机器人的动作流程如图 7.4 所示。

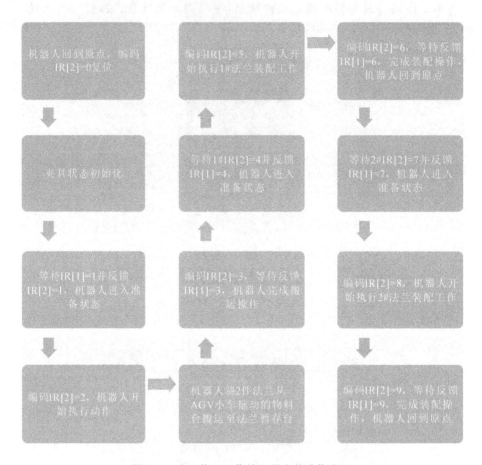

图 7.4 法兰装配工作站机器人的动作流程

7.3 法兰装配工作站电气系统

1. HSR-JR612 机器人电气原理图

法兰装配工作站所使用的 HSR-JR612 机器人电气原理图如图 7.5 所示。

2. I/O 配置

根据电气原理图,本工作站的 I/O 配置如表 7.1 所示。

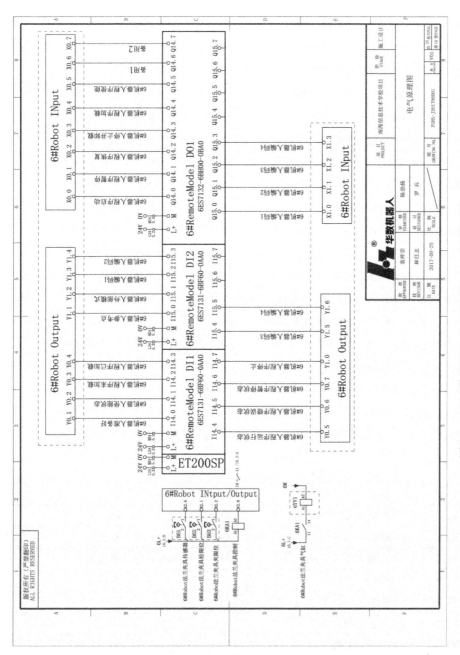

图 7.5　6#远程站HSR-JR612机器人电气原理图

表 7.1　法兰装配工作站 I/O 配置

机器人 I/O 配置		总控 PLC I/O 配置	
X0.0	6#机器人程序启动	I14.0	6#机器人准备好
X0.1	6#机器人程序暂停	I14.1	6#机器人使能状态
X0.2	6#机器人程序恢复	I14.2	6#机器人程序未加载
X0.3	6#机器人停止并卸载	I14.3	6#机器人程序已加载
X0.4	6#机器人程序加载	I14.4	6#机器人程序运行状态
X0.5	6#机器人程序使能	I14.5	6#机器人程序错误状态
X0.6	备用1	I14.6	6#机器人程序暂停状态
X0.7	备用2	I14.7	6#机器人程序停止
X1.0	6#机器人编码1	I15.0	6#机器人参考点
X1.1	6#机器人编码2	I15.1	6#机器人外部模式
X1.2	6#机器人编码3	I15.2	6#机器人编码1
X1.3	6#机器人编码4	I15.3	6#机器人编码2
X2.0	6#Robot 法兰夹具传感器	I15.4	6#机器人编码3
X2.1	6#Robot 法兰夹具松限位	I15.5	6#机器人编码4
X2.2	6#Robot 法兰夹具夹限位	Q14.0	6#机器人程序启动
Y0.1	6#机器人准备好	Q14.1	6#机器人程序暂停
Y0.2	6#机器人使能状态	Q14.2	6#机器人程序恢复
Y0.3	6#机器人程序未加载	Q14.3	6#机器人停止并卸载
Y0.4	6#机器人程序已加载	Q14.4	6#机器人程序加载
Y0.5	6#机器人程序运行状态	Q14.5	6#机器人程序使能
Y0.6	6#机器人程序错误状态	Q14.6	备用1
Y0.7	6#机器人程序暂停状态	Q14.7	备用2
Y1.0	6#机器人程序停止	Q15.0	6#机器人编码1
Y1.1	6#机器人参考点	Q15.1	6#机器人编码2
Y1.2	6#机器人外部模式	Q15.2	6#机器人编码3
Y1.3	6#机器人编码1	Q15.3	6#机器人编码4
Y1.4	6#机器人编码2		
Y1.5	6#机器人编码3		
Y1.6	6#机器人编码4		
Y2.0	6#Robot 法兰夹具控制		

3. 法兰装配工作站机器人与总控系统通信

本工作站与总控系统通信使用了机器人的编码/解码功能。以 IR[1]储存器作为解码信号存放点,即 PLC 总控发送给机器人的信号;以 IR[2]储存器作为编码信号存放点,即机器人发送给 PLC 总控的信号。

法兰装配工作站编码/解码信号如表 7.2 所示。

表 7.2　法兰装配工作站编码/解码信号

机 器 人 解 码		机 器 人 编 码	
IR[1]＝1	允许取法兰至暂存台	IR[2]＝1	允许取法兰至暂存台反馈
IR[1]＝2	执行取法兰至暂存台	IR[2]＝2	执行取法兰至暂存台反馈
IR[1]＝3	取法兰至暂存台完成反馈	IR[2]＝3	取法兰至暂存台完成
IR[1]＝4	允许取 1♯法兰至底座装配	IR[2]＝4	允许取 1♯法兰至底座装配反馈
IR[1]＝5	执行取 1♯法兰至底座装配	IR[2]＝5	执行取 1♯法兰至底座装配反馈
IR[1]＝6	允许取 1♯法兰至底座反馈	IR[2]＝6	允许取 1♯法兰至底座装配完成
IR[1]＝7	允许取 2♯法兰至底座装配	IR[2]＝7	允许取 2♯法兰至底座装配反馈
IR[1]＝8	执行取 2♯法兰至底座装配	IR[2]＝8	执行取 2♯法兰至底座装配反馈
IR[1]＝9	允许取 2♯法兰至底座反馈	IR[2]＝9	允许取 2♯法兰至底座装配完成

7.4　法兰装配工作站程序编写

法兰装配工作站参考程序如下。

```
WITH ROBOT
ATTACH ROBOT
ATTACH EXT_AXES
MOVE ROBOT   JR[1]      '机器人原点
D_OUT[17] =  OFF
MOVE ROBOT   JR[2]      '取料准备点
DELAY ROBOT 500
```

```
SLEEP 1
IR[2]= 0        '机器人编码复位
CALL WAIT(D_IN[18],ON)       '法兰夹具松开反馈
CALL WAIT(D_IN[19],OFF)       '法兰夹具松开反馈
WHILE TRUE
'(WRITE YOUR CODE HERE)


'取放 1 号
IF IR[1]= 1 THEN       '执行取料
IR[2]= 1
WHILE IR[1]< > 2
SLEEP 100
END WHILE
IR[2]= 2
MOVE ROBOT   LR[1]+ LR[99]       '1 号增量
DELAY ROBOT 300
MOVES ROBOT   LR[1]   VTRAN= 100
DELAY ROBOT 1
CALL WAIT(D_IN[17],ON)       '夹具传感器到位
DELAY ROBOT 1
D_OUT[17] =   ON       '夹具夹紧
SLEEP 500
DELAY ROBOT 1
CALL WAIT(D_IN[18],OFF)       '夹紧反馈
CALL WAIT(D_IN[19],ON)       '夹紧反馈
MOVES ROBOT   LR[1]+ LR[99]   VTRAN= 100       '1 号增量
MOVE ROBOT   JR[2]       '取料准备点
MOVE ROBOT   JR[3]       '暂存台放料预备点
MOVE ROBOT   LR[3]+ LR[99]       '1 号暂存台放料增量
DELAY ROBOT 300
MOVES ROBOT   LR[3]   VTRAN= 100
DELAY ROBOT 1
D_OUT[17] =   OFF       '夹具松开
SLEEP 500
DELAY ROBOT 1
CALL WAIT(D_IN[18],ON)       '松开反馈
CALL WAIT(D_IN[19],OFF)       '松开反馈
MOVE ROBOT   LR[3]+ LR[99]       '1 号暂存台放料增量
```

```
MOVE ROBOT    JR[3]      '暂存台放料预备点


'取放 2 号
MOVE ROBOT    JR[2]      '取料准备点
MOVE ROBOT    LR[2]+ LR[99]      '2 号增量
DELAY ROBOT 300
MOVES ROBOT    LR[2]    VTRAN= 100
DELAY ROBOT 1
CALL WAIT(D_IN[17],ON)      '夹具传感器到位
DELAY ROBOT 1
D_OUT[17] =  ON      '夹具夹紧
SLEEP 500
DELAY ROBOT 1
CALL WAIT(D_IN[18],OFF)      '夹紧反馈
CALL WAIT(D_IN[19],ON)      '夹紧反馈
MOVES ROBOT    LR[2]+ LR[99]   VTRAN= 100      '2 号增量
MOVE ROBOT    JR[2]      '取料准备点
MOVE ROBOT    JR[3]      '暂存台放料预备点
MOVE ROBOT    LR[4]+ LR[99]      '2 号暂存台放料增量
DELAY ROBOT 300
MOVES ROBOT    LR[4]    VTRAN= 100
DELAY ROBOT 1
D_OUT[17] =  OFF      '夹具松开
SLEEP 500
DELAY ROBOT 1
CALL WAIT(D_IN[18],ON)      '松开反馈
CALL WAIT(D_IN[19],OFF)      '松开反馈
MOVES ROBOT    LR[4]+ LR[99]      '2 号暂存台放料增量
MOVE ROBOT    JR[4]      '暂存台放料预备点
DELAY ROBOT 1
SLEEP 1
IR[2]= 3
WHILE IR[1]< > 3
SLEEP 100
END WHILE
SLEEP 1
MOVE ROBOT    JR[1]      '机器人原点
DELAY ROBOT 1
```

```
END IF

'送料 1 号
IF IR[1]= 4 THEN        '送料 1 号
IR[2]= 4
WHILE IR[1]< > 5
SLEEP 100
END WHILE
IR[2]= 5
MOVE ROBOT    LR[5]+ LR[99]        '1 号暂存台取料增量
DELAY ROBOT 300
MOVES ROBOT    LR[5]    VTRAN= 100      '1 号暂存台取料
DELAY ROBOT 1
CALL WAIT(D_IN[17],ON)      '夹具传感器到位
DELAY ROBOT 1
D_OUT[17] =  ON      '夹具夹紧
SLEEP 500
DELAY ROBOT 1
CALL WAIT(D_IN[18],OFF)      '夹紧反馈
CALL WAIT(D_IN[19],ON)      '夹紧反馈
MOVES ROBOT    LR[5]+ LR[99]    VTRAN= 100      '1 号暂存台取料增量
MOVE ROBOT    JR[4]      '加工位过渡点
MOVE ROBOT    LR[7]+ LR[99]      '1 号加工位放料增量
DELAY ROBOT 300
MOVES ROBOT    LR[7]    VTRAN= 100      '1 号加工位放料
DELAY ROBOT 1
D_OUT[17] =  OFF      '夹具松开
SLEEP 500
DELAY ROBOT 1
CALL WAIT(D_IN[18],ON)      '松开反馈
CALL WAIT(D_IN[19],OFF)      '松开反馈
MOVES ROBOT    LR[7]+ LR[99]    VTRAN= 100      '1 号加工位放料增量
MOVE ROBOT    JR[4]      '暂存台放料预备点
DELAY ROBOT 1
SLEEP 1
IR[2]= 6
WHILE IR[1]< > 6
SLEEP 100
```

```
END WHILE
SLEEP 1
MOVE ROBOT   JR[1]      '机器人原点
DELAY ROBOT 1
END IF


'送料 2 号
IF IR[1]= 7 THEN      '送料 2 号
IR[2]= 7
WHILE IR[1]< > 8
SLEEP 100
END WHILE
IR[2]= 8
MOVE ROBOT   LR[6]+ LR[99]      '2 号暂存台取料增量
DELAY ROBOT 300
MOVES ROBOT   LR[6]   VTRAN= 100      '2 号暂存台取料
DELAY ROBOT 1
CALL WAIT(D_IN[17],ON)     '夹具传感器到位
DELAY ROBOT 1
D_OUT[17] =  ON    '夹具夹紧
SLEEP 500
DELAY ROBOT 1
CALL WAIT(D_IN[18],OFF)     '夹紧反馈
CALL WAIT(D_IN[19],ON)     '夹紧反馈
MOVES ROBOT   LR[6]+ LR[99]   VTRAN= 100      '2 号暂存台取料增量
MOVE ROBOT   JR[4]     '加工位过渡点
MOVE ROBOT   LR[8]+ LR[99]      '2 号加工位放料增量
DELAY ROBOT 300
MOVES ROBOT   LR[8]   VTRAN= 100      '2 号加工位放料
DELAY ROBOT 1
D_OUT[17] =  OFF    '夹具松开
SLEEP 500
DELAY ROBOT 1
CALL WAIT(D_IN[18],ON)     '松开反馈
CALL WAIT(D_IN[19],OFF)     '松开反馈
MOVES ROBOT   LR[8]+ LR[99]   VTRAN= 100      '2 号加工位放料增量
MOVE ROBOT   JR[4]     '暂存台放料预备点
DELAY ROBOT 1
```

```
SLEEP 1
IR[2]= 9
WHILE IR[1]< > 9
SLEEP 100
END WHILE
SLEEP 1
MOVE ROBOT   JR[1]        '机器人原点
DELAY ROBOT 1
END IF

SLEEP 100
END WHILE
DETACH ROBOT
DETACH EXT_AXES
END WITH
END PROGRAM
```

第8章 成品搬运工作站

8.1 成品搬运工作站组成

1.成品搬运工作站结构

本工作站主要是将加工完成的工件搬运至成品放置台上,配置了 HSR-JR630 机器人,外接特制夹具。其结构如图 8.1 所示。

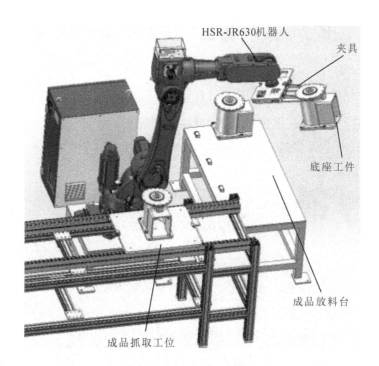

图 8.1 成品搬运工作站结构

2. 成品搬运工作站夹具结构

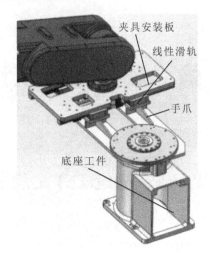

图 8.2　成品搬运工作站夹具结构

8.2　成品搬运工作站工作流程

本工作站工作流程大致如图 8.3 所示。

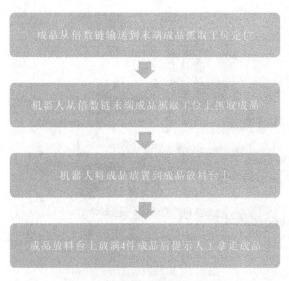

图 8.3　成品搬运工作站工作流程

本工作站机器人的动作流程如图 8.4 所示。

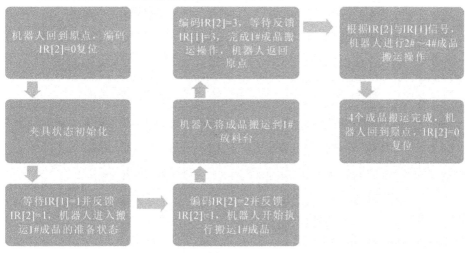

图 8.4　成品搬运工作站机器人的动作流程

8.3　成品搬运工作站电气系统

1. HSR-JR630 机器人电气原理图

成品搬运工作站所使用的 HSR-JR630 机器人电气原理图如图 8.5 所示。

2. I/O 配置

根据电气原理图,本工作站的 I/O 配置如表 8.1 所示。

表 8.1　成品搬运工作站 I/O 配置

机器人 I/O 配置		总控 PLC I/O 配置	
X0.0	10#机器人程序启动	I22.0	10#机器人准备好
X0.1	10#机器人程序暂停	I22.1	10#机器人使能状态
X0.2	10#机器人程序恢复	I22.2	10#机器人程序未加载
X0.3	10#机器人停止并卸载	I22.3	10#机器人程序已加载
X0.4	10#机器人程序加载	I22.4	10#机器人程序运行状态
X0.5	10#机器人程序使能	I22.5	10#机器人程序错误状态
X0.6	备用 1	I22.6	10#机器人程序暂停状态
X0.7	备用 2	I22.7	10#机器人程序停止

续表

机器人 I/O 配置		总控 PLC I/O 配置	
X1.0	10#机器人编码 1	I23.0	10#机器人参考点
X1.1	10#机器人编码 2	I23.1	10#机器人外部模式
X1.2	10#机器人编码 3	I23.2	10#机器人编码 1
X1.3	10#机器人编码 4	I23.3	10#机器人编码 2
X2.0	10#Robot 夹具气缸 1 限位 1	I23.4	10#机器人编码 3
X2.1	10#Robot 夹具气缸 1 限位 2	I23.5	10#机器人编码 4
X2.2	10#Robot 夹具气缸 2 限位 1	Q22.0	10#机器人程序启动
X2.3	10#Robot 夹具气缸 2 限位 2	Q22.1	10#机器人程序暂停
Y0.1	10#机器人准备好	Q22.2	10#机器人程序恢复
Y0.2	10#机器人使能状态	Q22.3	10#机器人停止并卸载
Y0.3	10#机器人程序未加载	Q22.4	10#机器人程序加载
Y0.4	10#机器人程序已加载	Q22.5	10#机器人程序使能
Y0.5	10#机器人程序运行状态	Q22.6	备用 1
Y0.6	10#机器人程序错误状态	Q22.7	备用 2
Y0.7	10#机器人程序暂停状态	Q23.0	10#机器人编码 1
Y1.0	10#机器人程序停止	Q23.1	10#机器人编码 2
Y1.1	10#机器人参考点	Q23.2	10#机器人编码 3
Y1.2	10#机器人外部模式	Q23.3	10#机器人编码 4
Y1.3	10#机器人编码 1		
Y1.4	10#机器人编码 2		
Y1.5	10#机器人编码 3		
Y1.6	10#机器人编码 4		
Y2.0	10#Robot 夹具气缸 1 控制		
Y2.1	10#Robot 夹具气缸 2 控制		

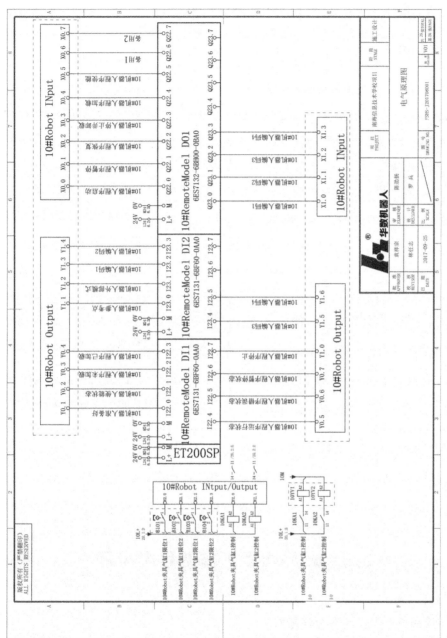

图 8.5　10#远程站HSR-JR630机器人电气原理图

3. 机器人与总控系统通信

本工作站与总控系统通信使用了机器人的编码/解码功能。以 IR[1] 储存器作为解码信号存放点，即 PLC 总控发送给机器人的信号；以 IR[2]储存器作为编码信号存放点，即机器人发送给 PLC 总控的信号。

成品搬运工作站编码/解码信号如表 8.2 所示。

表 8.2　成品搬运工作站编码/解码信号

机器人解码		机器人编码	
IR[1]=1	允许取 1# 成品至放料台	IR[2]=1	允许取 1# 成品至放料台反馈
IR[1]=2	执行取 1# 成品至放料台	IR[2]=2	执行取 1# 成品至放料台反馈
IR[1]=3	取 1# 成品至放料台完成反馈	IR[2]=3	取 1# 成品至放料台完成
IR[1]=4	允许取 2# 成品至放料台	IR[2]=4	允许取 2# 成品至放料台反馈
IR[1]=5	执行取 2# 成品至放料台	IR[2]=5	执行取 2# 成品至放料台反馈
IR[1]=6	取 2# 成品至放料台完成反馈	IR[2]=6	取 2# 成品至放料台完成
IR[1]=7	允许取 3# 成品至放料台	IR[2]=7	允许取 3# 成品至放料台反馈
IR[1]=8	执行取 3# 成品至放料台	IR[2]=8	执行取 3# 成品至放料台反馈
IR[1]=9	取 3# 成品至放料台完成反馈	IR[2]=9	取 3# 成品至放料台完成
IR[1]=A	允许取 4# 成品至放料台	IR[2]=A	允许取 4# 成品至放料台反馈
IR[1]=B	执行取 4# 成品至放料台	IR[2]=B	执行取 4# 成品至放料台反馈
IR[1]=C	取 4# 成品至放料台完成反馈	IR[2]=C	取 4# 成品至放料台完成

8.4　成品搬运工作站程序编写

成品搬运工作站参考程序如下。

```
WITH ROBOT
ATTACH ROBOT
ATTACH EXT_AXES
MOVE ROBOT   JR[1]      '机器人原点
MOVE ROBOT   JR[2]      '取料准备点
```

```
DELAY ROBOT 500
IR[2]= 0      '机器人编码复位
D_OUT[17] =  OFF
WHILE TRUE
'(WRITE YOUR CODE HERE)


'第一次取料
IF IR[1]= 1 THEN      '执行第一次取料
IR[2]= 1
WHILE IR[1]< > 2
SLEEP 100
END WHILE
IR[2]= 2
MOVE ROBOT   JR[2]      '取料准备点
MOVE ROBOT   LR[1]+ LR[99]      '取料点增量
MOVES ROBOT   LR[1]      '取料点
DELAY ROBOT 1
SLEEP 1
D_OUT[17] =  ON
D_OUT[18] =  ON
SLEEP 1500
CALL WAIT(D_IN[19],ON)
SLEEP 1000
DELAY ROBOT 1
MOVES ROBOT   LR[1]+ LR[99]      '取料点增量
MOVE ROBOT   JR[2]      '取料准备点
MOVE ROBOT   JR[3]      '放料准备点
MOVE ROBOT   LR[6]
MOVE ROBOT   LR[2]+ LR[99]      '放料点增量
MOVES ROBOT   LR[2]   VTRAN= 150      '放料点
DELAY ROBOT 1
SLEEP 1
D_OUT[17] =  OFF
D_OUT[18] =  OFF
SLEEP 1500
CALL WAIT(D_IN[18],ON)
CALL WAIT(D_IN[20],ON)
MOVE ROBOT   LR[2]+ LR[99]      '放料点增量
```

```
MOVE ROBOT    JR[3]        '放料准备点
IR[2]= 3
WHILE IR[1]< > 3
SLEEP 100
END WHILE
MOVE ROBOT    JR[1]        '机器人原点


SLEEP 1


END IF


'第二次取料
IF IR[1]= 4 THEN      '执行第二次取料
IR[2]= 4
WHILE IR[1]< > 5
SLEEP 100
END WHILE
IR[2]= 5
MOVE ROBOT    JR[2]        '取料准备点
MOVE ROBOT    LR[1]+ LR[99]       '取料点增量
MOVES ROBOT    LR[1]        '取料点
DELAY ROBOT 1
SLEEP 1
D_OUT[17] =  ON
D_OUT[18] =  ON
SLEEP 1500
CALL WAIT( D_IN[19],ON)
SLEEP 500
DELAY ROBOT 1
MOVES ROBOT    LR[1]+ LR[99]        '取料点增量
MOVE ROBOT    JR[2]        '取料准备点
MOVE ROBOT    JR[3]        '放料准备点
MOVE ROBOT    LR[7]
MOVE ROBOT    LR[3]+ LR[99]        '放料点增量
MOVES ROBOT    LR[3]    VTRAN= 150        '放料点
DELAY ROBOT 1
SLEEP 1
```

```
D_OUT[17] =  OFF
D_OUT[18] =  OFF
SLEEP 1500
CALL WAIT(D_IN[18],ON)
CALL WAIT(D_IN[20],ON)
MOVE ROBOT   LR[3]+ LR[99]      '放料点增量
MOVE ROBOT   JR[3]       '放料准备点
IR[2]= 6
WHILE IR[1]< > 6
SLEEP 100
END WHILE
MOVE ROBOT   JR[1]      '机器人原点
END IF


'第三次取料
IF IR[1]= 7   THEN      '执行第三次取料
IR[2]= 7
WHILE IR[1]< > 8
SLEEP 100
END WHILE
IR[2]= 8
MOVE ROBOT   JR[2]      '取料准备点
MOVE ROBOT   LR[1]+ LR[99]      '取料点增量
MOVES ROBOT   LR[1]       '取料点
DELAY ROBOT 1
SLEEP 1
D_OUT[17] =  ON
D_OUT[18] =  ON
SLEEP 1500
'CALL WAIT(D_IN[17],ON)
CALL WAIT(D_IN[19],ON)
SLEEP 1500
DELAY ROBOT 1
MOVES ROBOT   LR[1]+ LR[99]      '取料点增量
MOVE ROBOT   JR[2]      '取料准备点
MOVE ROBOT   JR[3]      '放料准备点
MOVE ROBOT   LR[8]
MOVE ROBOT   LR[4]+ LR[99]      '放料点增量
```

153

```
MOVES ROBOT   LR[4]   VTRAN= 150      '放料点
DELAY ROBOT 1
SLEEP 1
D_OUT[17] =  OFF
D_OUT[18] =  OFF
SLEEP 500
CALL WAIT(D_IN[18],ON)
CALL WAIT(D_IN[20],ON)
MOVES ROBOT   LR[4]+ LR[99]      '放料点增量
MOVE ROBOT   LR[8]
MOVE ROBOT   JR[3]      '放料准备点
IR[2]= 9
WHILE IR[1]< > 9
SLEEP 100
END WHILE
MOVE ROBOT   JR[1]      '机器人原点


END IF


'第四次取料
IF IR[1]= 10 THEN      '执行第四次取料
IR[2]= 10
WHILE IR[1]< > 11
SLEEP 100
END WHILE
IR[2]= 11
MOVE ROBOT   JR[2]      '取料准备点
MOVE ROBOT   LR[1]+ LR[99]      '取料点增量
MOVES ROBOT   LR[1]      '取料点
DELAY ROBOT 1
SLEEP 1
D_OUT[17] =  ON
D_OUT[18] =  ON
SLEEP 1500
'CALL WAIT(D_IN[17],ON)
CALL WAIT(D_IN[19],ON)
SLEEP 500
DELAY ROBOT 1
```

```
MOVES ROBOT   LR[1]+ LR[99]      '取料点增量
MOVE ROBOT    JR[2]      '取料准备点
MOVE ROBOT    JR[3]      '放料准备点
MOVE ROBOT    LR[9]
MOVE ROBOT    LR[5]+ LR[99]      '放料点增量
MOVES ROBOT   LR[5]      '放料点
DELAY ROBOT 1
SLEEP 1
D_OUT[17] =  OFF
D_OUT[18] =  OFF
SLEEP 1500
CALL WAIT(D_IN[18],ON)
CALL WAIT(D_IN[20],ON)
MOVES ROBOT   LR[5]+ LR[99]      '放料点增量
MOVE ROBOT    JR[3]      '放料准备点
IR[2]= 12
WHILE IR[1]< > 12
SLEEP 100
END WHILE
MOVE ROBOT    JR[1]      '机器人原点
END IF

IR[2]= 0
SLEEP 100
END WHILE
DETACH ROBOT
DETACH EXT_AXES
END WITH
END PROGRAM
```

第9章 倍速链系统控制与调试

9.1 倍速链系统结构

倍速链系统主要包括升降机、减速机装配工位、打螺丝工位、法兰装配工位、线缆套装配工位、成品搬运工位、点漆工位等，如图9.1所示。每个工位主要由前阻挡气缸、后阻挡气缸、压紧气缸等机械部件组成，如图9.2和图9.3所示。倍速链的调速由变频器控制，总体状况则由PLC总控监控。

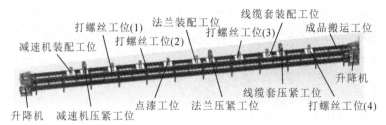

图 9.1 倍速链系统结构

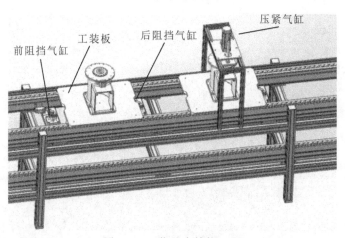

图 9.2 工位基本结构正面

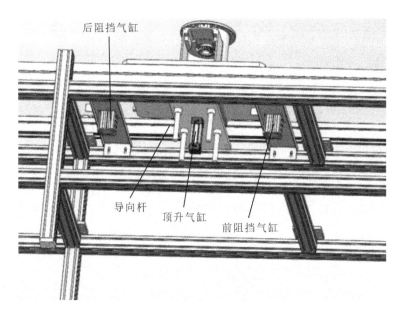

图 9.3 工位基本结构底面

9.2 倍速链系统电气控制

　　倍速链电气系统主要控制每个工作站的顶升气缸与阻挡气缸。同时，倍速链的运行主要由 4 台三相交流电动机带动。其中，上层电动机由变频器进行速度调节，由 PLC 总控控制；下层电动机则为一般正转运行。倍速链两侧的升降电动机则为 2 台单相交流电动机，能进行正反转，从而控制倍速链的升降。

1. 倍速链系统电气图

　　图 9.4 所示为倍速链系统控制柜主电路电气原理图。倍速链各工位信号控制与气缸输出信号通过 PLC 扩展 I/O 板接入总控，图 9.5 所示为 11♯远程站倍速链系统控制柜电气原理图。

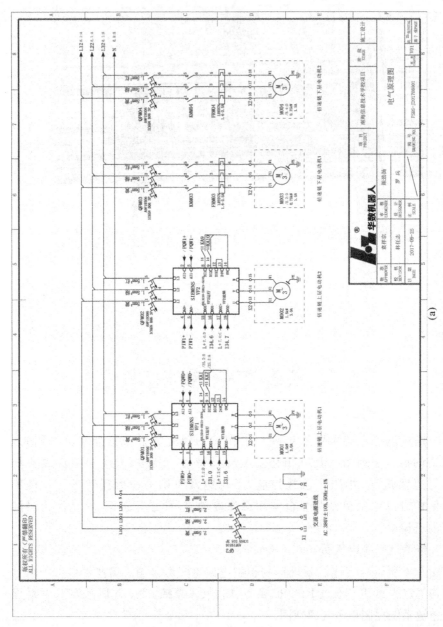

图 9.4　倍速链系统控制柜主电路电气原理图
(a) 4台三相交流电动机电气原理图　(b) 2台单相交流电动机电气原理图

(a)

版权所有（严禁翻印）
ALL RIGHTS RESERVED

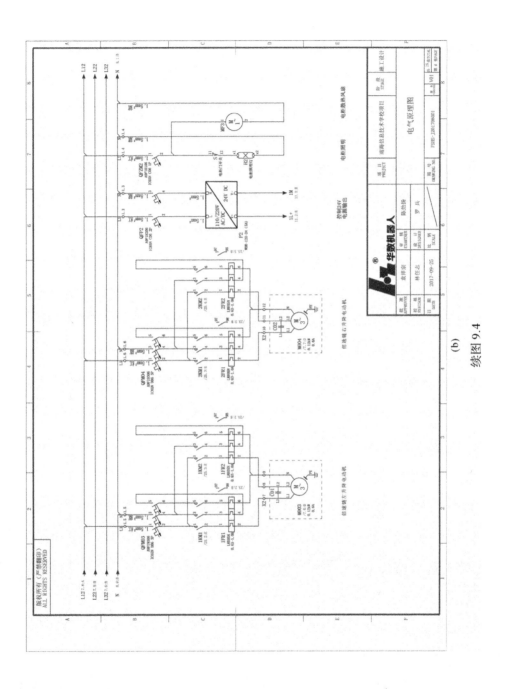

续图 9.4

（b）

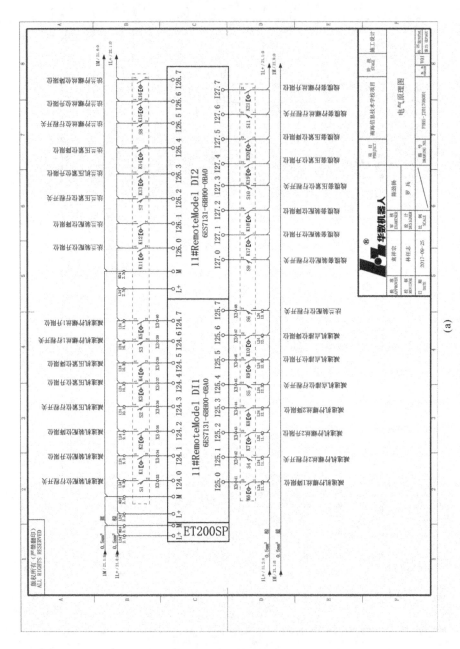

图 9.5　11#远程站倍速链系统控制柜电气原理图

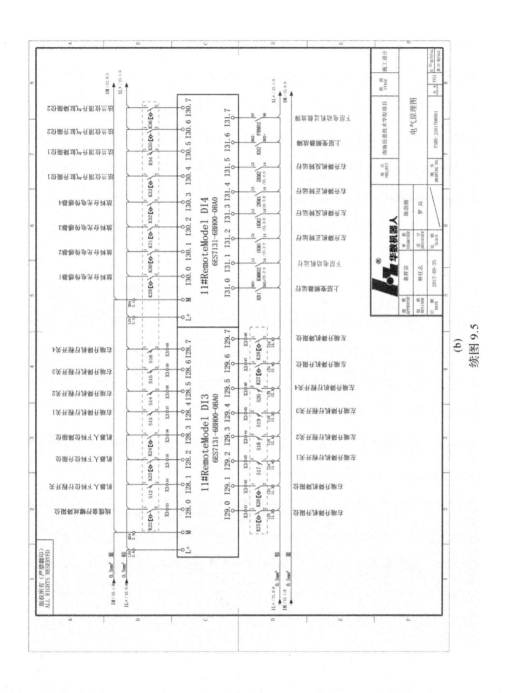

续图 9.5

(b)

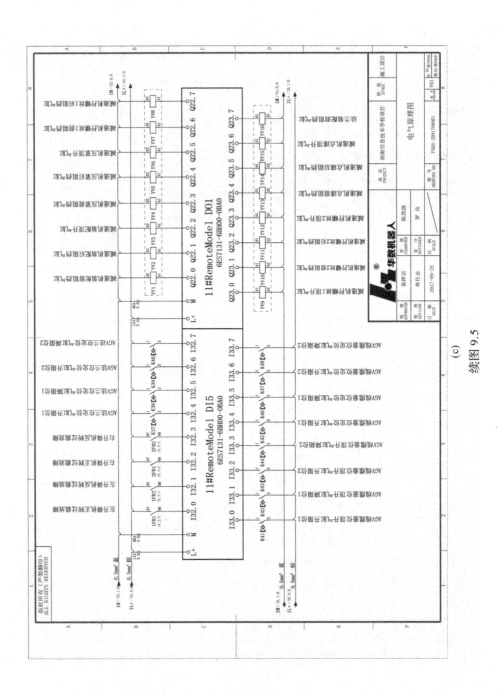

续图 9.5

(c)

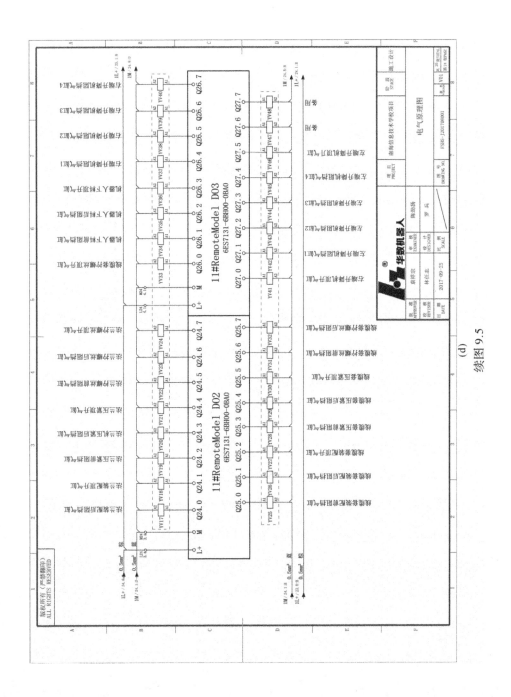

续图 9.5

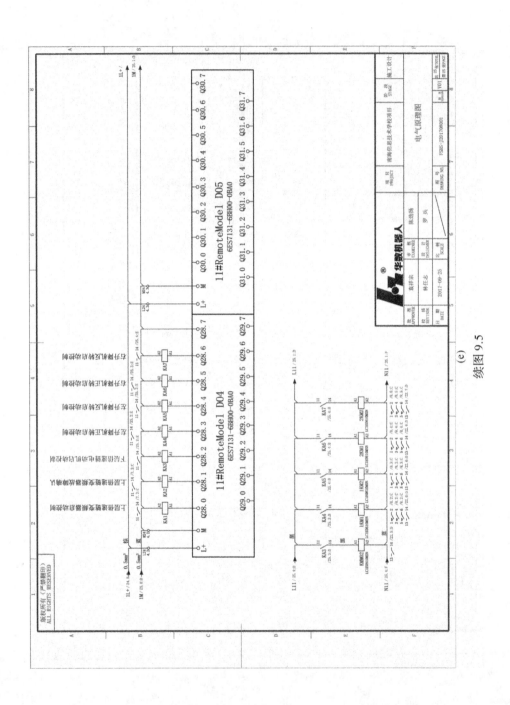

续图 9.5

（e）

版权所有（严禁翻印）
ALL RIGHTS RESERVED

2. I/O 配置

根据电气原理图,倍速链系统的 I/O 配置如表 9.1 所示。

表 9.1　倍速链系统 I/O 配置

机器人 I/O 配置		总控 PLC I/O 配置	
I24.0	减速机装配位行程开关	Q22.0	减速机装配前阻挡气缸
I24.1	减速机装配位升限位	Q22.1	减速机装配后阻挡气缸
I24.2	减速机装配位降限位	Q22.2	减速机装配顶升气缸
I24.3	减速机压紧位行程开关	Q22.3	减速机压紧前阻挡气缸
I24.4	减速机压紧位升限位	Q22.4	减速机压紧后阻挡气缸
I24.5	减速机压紧位降限位	Q22.5	减速机压紧顶升气缸
I24.6	减速机拧螺丝 1 行程开关	Q22.6	减速机拧螺丝 1 前阻挡气缸
I24.7	减速机拧螺丝 1 升限位	Q22.7	减速机拧螺丝 1 后阻挡气缸
I25.0	减速机拧螺丝 1 降限位	Q23.0	减速机拧螺丝 1 顶升气缸
I25.1	减速机拧螺丝 2 行程开关	Q23.1	减速机拧螺丝 2 前阻挡气缸
I25.2	减速机拧螺丝 2 升限位	Q23.2	减速机拧螺丝 2 后阻挡气缸
I25.3	减速机拧螺丝 2 降限位	Q23.3	减速机拧螺丝 2 顶升气缸
I25.4	减速机点漆位行程开关	Q23.4	减速机点漆前阻挡气缸
I25.5	减速机点漆位升限位	Q23.5	减速机点漆后阻挡气缸
I25.6	减速机点漆位降限位	Q23.6	减速机点漆顶升气缸
I25.7	法兰装配位行程开关	Q23.7	法兰装配前阻挡气缸
I26.0	法兰装配位升限位	Q24.0	法兰装配后阻挡气缸
I26.1	法兰装配位降限位	Q24.1	法兰装配顶升气缸
I26.2	法兰压紧位行程开关	Q24.2	法兰压紧前阻挡气缸
I26.3	法兰机压紧位升限位	Q24.3	法兰机压紧后阻挡气缸
I26.4	法兰压紧位降限位	Q24.4	法兰压紧顶升气缸
I26.5	法兰拧螺丝位行程开关	Q24.5	法兰拧螺丝前阻挡气缸

机器人 I/O 配置		总控 PLC I/O 配置	
I26.6	法兰拧螺丝位升限位	Q24.6	法兰拧螺丝后阻挡气缸
I26.7	法兰拧螺丝位降限位	Q24.7	法兰拧螺丝顶升气缸
I27.0	线缆套装配位行程开关	Q25.0	线缆套装配前阻挡气缸
I27.1	线缆套装配位升限位	Q25.1	线缆套装配后阻挡气缸
I27.2	线缆套装配位降限位	Q25.2	线缆套装配顶升气缸
I27.3	线缆套压紧位行程开关	Q25.3	线缆套压紧前阻挡气缸
I27.4	线缆套压紧位升限位	Q25.4	线缆套压紧后阻挡气缸
I27.5	线缆套压紧位降限位	Q25.5	线缆套压紧顶升气缸
I27.6	线缆套拧螺丝行程开关	Q25.6	线缆套拧螺丝前阻挡气缸
I27.7	线缆套拧螺丝升限位	Q25.7	线缆套拧螺丝后阻挡气缸
I28.0	线缆套拧螺丝降限位	Q26.0	线缆套拧螺丝顶升气缸
I28.1	机器人下料位行程开关	Q26.1	机器人下料前阻挡气缸
I28.2	机器人下料位升限位	Q26.2	机器人下料后阻挡气缸
I28.3	机器人下料位降限位	Q26.3	机器人下料顶升气缸
I28.4	右端升降机行程开关 1	Q26.4	右端升降机阻挡气缸 1
I28.5	右端升降机行程开关 2	Q26.5	右端升降机阻挡气缸 2
I28.6	右端升降机行程开关 3	Q26.6	右端升降机阻挡气缸 3
I28.7	右端升降机行程开关 4	Q26.7	右端升降机阻挡气缸 4
I29.0	右端升降机升限位	Q27.0	右端升降机顶升气缸
I29.1	右端升降机降限位	Q27.1	左端升降机阻挡气缸 1
I29.2	左端升降机行程开关 1	Q27.2	左端升降机阻挡气缸 2
I29.3	左端升降机行程开关 2	Q27.3	左端升降机阻挡气缸 3
I29.4	左端升降机行程开关 3	Q27.4	左端升降机阻挡气缸 4
I29.5	左端升降机行程开关 4	Q27.5	左端升降机顶升气缸

续表

机器人 I/O 配置		总控 PLC I/O 配置	
I29.6	左端升降机升限位	Q28.0	上层倍速链变频器启动控制
I29.7	左端升降机降限位	Q28.1	上层倍速链变频器故障确认
I30.0	放料台光电传感器 1	Q28.2	下层倍速链电动机启动控制
I30.1	放料台光电传感器 2	Q28.3	左升降机正转启动控制
I30.2	放料台光电传感器 3	Q28.4	左升降机反转启动控制
I30.3	放料台光电传感器 4	Q28.5	右升降机正转启动控制
I31.0	上层变频器运行	Q28.6	右升降机反转启动控制
I31.1	下层电动机运行		
I31.2	左升降机正转运行		
I31.3	左升降机反转运行		
I31.4	右升降机正转运行		
I31.5	右升降机反转运行		
I31.6	上层变频器故障		
I31.7	下层电动机过载故障		
I32.0	左升降机正转过载故障		
I32.1	左升降机反转过载故障		
I32.2	右升降机正转过载故障		
I32.3	右升降机反转过载故障		

9.3　倍速链系统基本原理

下面以减速机装配工作站为例,说明倍速链系统每个工位的工作情况。

图 9.6 所示为减速机装配工作站结构,图 9.7 所示为减速机装配工位机械

部件分布,图 9.8 所示为减速机装配工位气缸分布,图 9.9 所示为阻挡气缸基本结构,图 9.10 所示为阻挡气缸实物。

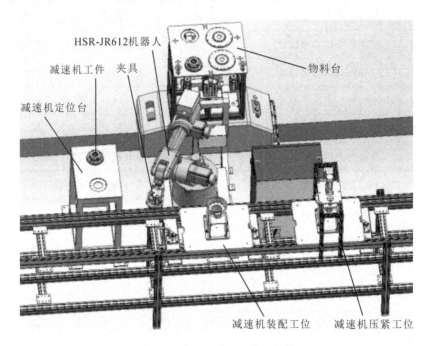

图 9.6   减速机装配工作站结构

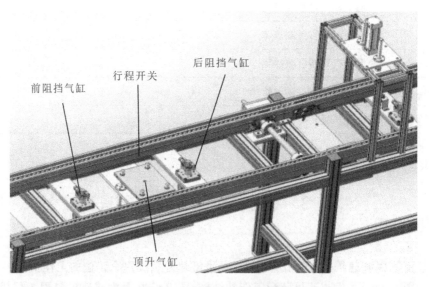

图 9.7   减速机装配工位机械部件分布

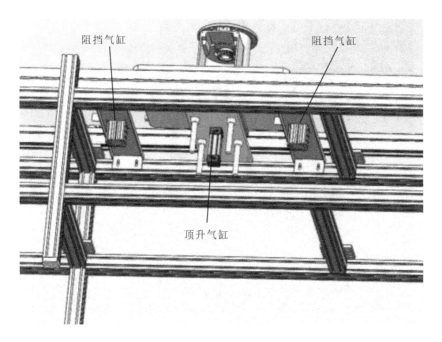

图 9.8　减速机装配工位气缸分布
（注：本系统使用的阻挡气缸为华数自主设计。）

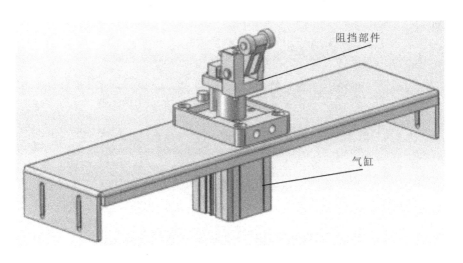

图 9.9　阻挡气缸基本结构

阻挡气缸基本工作原理：气缸在未得电通气的情况下处于顶升状态，实现阻挡功能；气缸在得电通气的情况下处于下降状态。

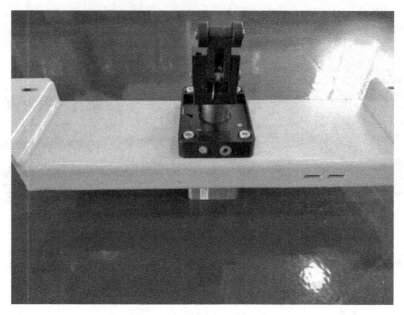

图 9.10　阻挡气缸实物

根据控制要求,减速机装配工位的基本工作流程如图 9.11 所示。

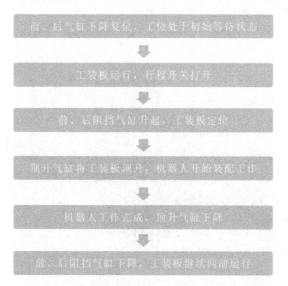

图 9.11　减速机装配工位的基本工作流程

阻挡气缸和顶升气缸的动作主要由 PLC 总控处理,图 9.12 所示为减速机装配工作站的 PLC 程序局部图。

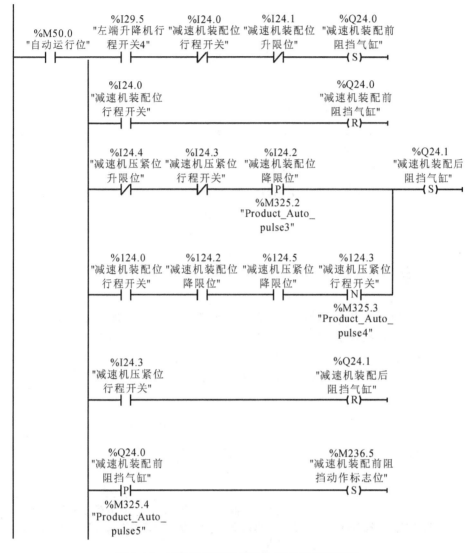

图 9.12　减速机装配工作站的 PLC 程序局部图

从程序上可以看到：在自动运行状态（M50.0 接通）下，且生产线处于正常运行状态（左端升降行程开关4 I29.5接通）时，前阻挡气缸（Q24.0）处于 S 置"1"状态，气缸得电通气并下降。

当倍速链上的工装板进入工位，碰到减速机装配位行程开关（I24.0）时，前阻挡气缸（Q24.0）处于 R 置"0"状态，气缸上升。

9.4 倍速链的使用与维护

1. 倍速链使用过程中的注意事项

（1）在进行生产前需对倍速链的线体进行检查。需检查生产线供电是否正常，倍速链线体上是否存在杂物。

（2）生产线应设有专门的操作人员，除了操作人员，其他人员一律不允许对生产线进行操作，除特殊情况下须按急停开关使生产线停止运行外。

（3）确认生产线使能正常启动后，须围着生产线走一圈，目检确认无异常后，方可任由线体自行运转。在生产线运行过程中，任何情况下都不可将手伸入工装板下方或是工装板与工装板之间的间隙中，防止发生夹伤事故。

（4）使用完毕后，关闭电源，并确保倍速链线体已完全停止后，才能离开现场。

（5）生产过程中倍速链出现的常见故障，操作人员可根据情况加以解决，如表9.2所示。如操作员无法确定是否有能力进行维修时，应及时按下急停开关使倍速链停止运行，并通知专业的维修员来维修，不可盲目尝试。

表 9.2 倍速链常见故障及解决办法

常 见 故 障	解 决 办 法
电源指示灯不亮	查看电源总开关是否处于开启状态
倍速链无法启动	查看调速变频器是否还在归零的状态，配电箱及生产线两旁的急停按钮是否被按下
倍速链无供电	查看配电箱内的插座开关是否已开启
倍速链电动机不转	查看变频器配电箱上的启动开关是否已开启，输出开关是否已闭合（一定要确定与产品电压相符，否则有可能会烧毁产品）

2. 倍速链线体的定期维护和保养

倍速链线体应每年进行一次保养，其保养的内容主要涉及以下几个方面。

（1）机械部件。

检查升降机及其他部位是否生锈、移位，松动的部分要及时加固，磨损严重的零件要进行更换。

检查电动机链条、生产线主链条的松紧情况，调整前后齿轮的距离，如果调至最大时链条仍过长，则过长的部分要去掉，以使链条的松紧合适。

检查各部位齿轮是否偏离中心、主链条是否摩擦链条槽,以及齿轮是否磨损过多。若发现偏离,应及时将它们调整到合适的位置。

检查各传动部分动作顺畅程度、磨损程度及疲劳程度等,则对磨损零件进行更换。

(2)气动部件。

检查各气路有无漏气,气阀有无变形、损坏;若发现问题,应及时修复。清理油水分离器内的杂物,检查气压调节器是否正常。检查各气缸、阻挡器工作是否正常,对损坏件进行修复或更换。

(3)电气线路。

检查各工位节拍控制按钮、插座、指示灯、照明灯等是否完好、正常;检查电动机接线端有无松动、接触不良,接地是否安全可靠;检查主电箱及其他电气元器件接线端有无松动、接触不良;检查线路有无破损、裸露。若发现问题,应及时修复。

启动生产线,检查各行程开关、电磁阀、感应开关等电气元器件动作灵敏度及工作是否正常。若发现问题,应及时解决。

检测所有电器的工作性能,保证它们每次在使用前都达到规定要求。

第10章 AGV 小车调试与应用

10.1 AGV 小车介绍

　　AGV(automated guided vehicle)小车指装备有电磁或光学等自动导引装置,能够沿规定的导引路线行驶,具有安全保护以及各种移动、装载功能的运输车。其动力来源一般为可充电的蓄电池,利用电磁路径跟踪系统(electromagnetic path-following system),即电磁轨道来设立其行进路线,电磁轨道(简称磁轨)粘贴于地板上。

　　本生产线使用的是广东嘉腾机器人自动化有限公司生产的型号为 JT-AGV-D500MC-D0 的 AGV 小车,如图 10.1 所示。它采用磁导航技术,操作简单,性价比高,可牵引 500~1000 kg 的物料。图 10.2 所示为 AGV 小车正面,图 10.3 所示为AGV 小车控制面板。表 10.1 所示为 AGV 小车控制面板上各部分功能与状态。

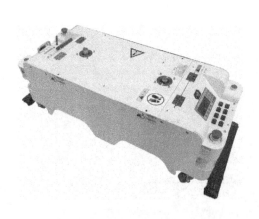

10.1　型号为 JT-AGV-D500MC-D0 的 AGV 小车

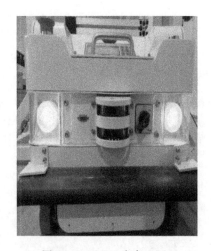

图 10.2　AGV 小车正面

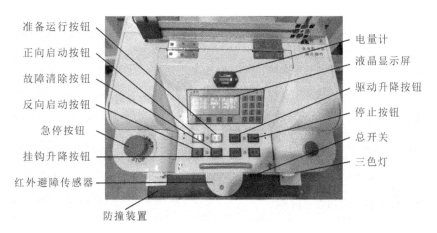

准备运行按钮

正向启动按钮

故障清除按钮

反向启动按钮

急停按钮

挂钩升降按钮

红外避障传感器

防撞装置

电量计

液晶显示屏

驱动升降按钮

停止按钮

总开关

三色灯

图 10.3　AGV 小车控制面板

表 10.1　AGV 小车控制面板上各部分功能与状态说明

名　　称	功　　能	状　态　说　明
电量计	显示电池的电量状态	显示为绿色时,表示电池电量充足; 显示为黄色时,表示电池电量低; 显示为红色时,表示电池电量极低(需要更换电池)
液晶显示屏	显示 AGV 小车的工作状态,以及对 AGV 小车的地标命令进行编程	
驱动升降按钮	用于驱动装置的升降,每按一次,驱动装置同时上升或下降(请在磁条上方驱动升降;行驶过程中,不要按下驱动升降按钮)	
停止按钮	使 AGV 小车停止运行	
三色灯	用于指示 AGV 小车的运行状态是否正常	红灯:当 AGV 小车存在异常时亮灯。在液晶显示器上会显示其内容,如"停止|急停触发"(急停按钮被按下时),"脱线|导航器"。 黄灯:当 AGV 小车存在异常时亮灯。在液晶显示器上会显示其内容,如"暂停|障碍物"。 绿灯:当 AGV 小车正常时亮灯。在液晶显示器上会显示其内容,如"运行|50%"(50%为速度百分比)

名　称	功　能	状态说明
总开关	用于接通电源的开关	"ON/OFF"对应接通/断开
防撞装置	配合三色灯和红外避障传感器一起工作；防止红外避障传感器失效，弥补其检测盲区，起到安全保护作用	当防撞装置撞到障碍物时，三色灯亮红灯，启动信号失效，AGV小车处于停止状态
红外避障传感器	当检测到有障碍物时给AGV小车发出停止信号	当检测到有障碍物时三色灯黄光闪烁或者黄灯常亮。（可选配PX系列和PBS系列，详细请参考AGV小车使用说明书：障碍物传感器的资料及设定方法。）
挂钩升降按钮	用于挂钩装置升降，每按一次，挂钩装置上升或下降（请在AGV小车停止时按挂钩升降按钮；行驶过程中，不要按下挂钩升降按钮）	
故障清除按钮	清除AGV小车之前的故障	故障状态时故障灯亮，清除故障后故障灯灭
急停按钮	使AGV小车停止运行、结束准备运行	三色灯亮红灯并闪烁
反向启动按钮	AGV小车启动并使其反向运行	
正向启动按钮	AGV小车启动并使其正向运行	
准备运行按钮	AGV小车进入准备运行状态	准备运行后三色灯亮，未准备运行时三色灯灭

10.2　AGV 小车手动控制操作

1. 运转准备

（1）将电池插头连接到电池接线柱。

（2）检查电源电路保护器是否连通。

（3）旋转总开关至"ON"的位置。判断电量显示计显示的电量是否充足（绿色为电力充足;红色为电力不足)。

(4) 将 AGV 小车驱动单元放置于磁条上方。若放置好,液晶显示屏会显示"运转未准备";若未放置好,液晶显示屏会显示"脱线┆导航器"。

2. 启动方法

(1) 判断驱动单元是否降下,未降下则按驱动按钮,让驱动单元下降,下降后驱动指示灯灭。

(2) 按驱动按钮后,接着按准备运行按钮,再按运行方向按钮(反向启动按钮或正向启动按钮)使 AGV 小车运行。

AGV 小车开始沿着磁条行驶。如果 AGV 小车没有沿着磁条行驶而紧急停止时,液晶显示屏会显示"停止┆脱线"且三色灯会红光闪烁。此时需要将驱动提升,左右移动 AGV 小车车体,直到屏幕上脱线状态消失,再把驱动单元降下(此时表明磁传感器处于磁条上方);并按故障清除按钮,当故障清除按钮灯灭后,再次按运行方向按钮重新启动 AGV 小车。

(3) 当 AGV 小车处在准备好状态时,还可采用以下方法使其启动:①通过外接的光电传感器;②通过无线遥控器。

3. 停止方法

停止分为需人工重新启动才能让 AGV 小车运行的停止和移除障碍后自动启动的暂时停止两种情况。采用以下介绍的方法可停止 AGV 小车运行。实际应用时,请选择适当的方法。

(1) 利用防撞装置停止:当撞击到障碍物时,AGV 小车急速刹车并停止,需人工重新启动才可让 AGV 小车运行。

(2) 利用红外避障传感器暂时停止:在 AGV 小车行驶过程中,若在 AGV 小车前(红外避障传感器的检测范围内)放置障碍物后,AGV 小车检测到障碍物后暂时停止,移除障碍物后,若在 2 s 内未检测到障碍物,AGV 小车自动启动。同时,液晶显示屏显示当前 AGV 小车运行速度百分比。

4. 驱动单元升降操作

在 AGV 小车停止状态下,每按驱动升降按钮一次,驱动单元分别上升或下降,禁止在 AGV 小车处于运行状态下按动此按钮。

5. 关于电源的关闭

在 AGV 小车行驶过程中,禁止关闭电源。若确定不再使用 AGV 小车,需先确认 AGV 小车已经停止,然后关闭电源;否则会导致其故障。

10.3 AGV 小车磁轨及地标卡的制作

10.3.1 AGV 小车磁轨的制作

本型号的 AGV 小车运行路径是通过磁轨确定的,磁轨通过胶布将磁条粘贴在 AGV 小车确定的运行路径上来制作,如图 10.4 所示。

磁轨

图 10.4 AGV 小车磁轨

1. AGV 小车磁轨的设置

AGV 小车磁轨上最重要的部分是磁条,须确保轨道宽度约为 1 m。粘贴磁条时,应靠近 AGV 小车行驶路线的中心。应按照以下顺序进行设置。

(1) 确定 AGV 小车行驶路线。为防止 AGV 小车稍许左右移动时发生碰撞,磁轨宽度应具有一定余量。

(2) 确认行驶路线上没有极端凹凸处。如果存在极端凹凸处,需平整为平坦路面。注意凹槽与地面的绝对高度不超过 10 mm。

(3) 确认行驶路线的坡度小于 1%(AGV 小车的爬坡能力比较小)。

(4) 仔细清扫行驶路线。需扫除和清洁 AGV 小车行驶路线上的砂土、尘埃等。

(5) 在行驶路线的中心画线,作为粘贴磁条位置时的大致标准,以使 AGV 小车运行时保持稳定。

（6）粘贴磁条，沿着所画的线将磁条从起始处开始依次固定，防止空气进入磁条和路面之间。粘贴磁轨转弯部分（见图 10.5）时，一边拉紧一边弯曲，防止磁条断裂。

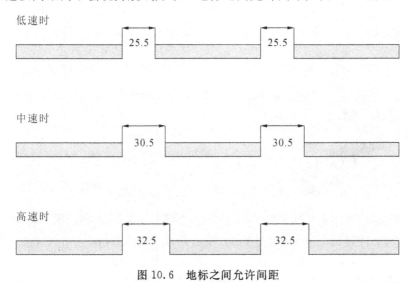

图 10.5　磁轨转弯部分

2. 粘贴磁条的注意事项

（1）在一个分岔点上，只能粘贴一个方向的磁条，要么左转弯，要么右转弯。

（2）即使是同一条行进路线，有时需要在去程和回程分别设置不同的磁条标记。在去程和回程都是前进行进时，从传感器的安装位置角度来说，标记应设置在行进路线两侧相对的位置上。

（3）AGV 小车停止时的制动距离因行进速度、装载质量、自身质量的不同而不同，因此在需要保证停车点精度的情况下，需提前设置减速磁条地标，使得 AGV 小车低速达到停车点。

（4）确定 AGV 小车的停车点需要使用地标卡。地标与地标之间应保持一定的距离，否则 AGV 小车有可能会误读。

（5）在 AGV 小车直线行走时，两段地标之间允许有一定的间距，AGV 小车在这段间距内不会视为脱线异常。地标之间允许间距如图 10.6 所示。

低速时

25.5　　　25.5

中速时

30.5　　　30.5

高速时

32.5　　　32.5

图 10.6　地标之间允许间距

10.3.2　AGV 小车地标卡的制作

AGV 小车的停车点由地标卡（本书采用双向 RFID 卡）确定。地标卡通过写卡器写入停车点信息后，用胶布粘贴到磁轨的相应位置。图 10.7 所示为双向 RFID 卡。

图 10.7 双向 RFID 卡

1. RFID 卡设置的注意事项

(1) 在分叉路口时,岔路 RFID 卡应贴在距离分叉口约 0.3 m 处。

(2) 应将 RFID 卡置于磁条的正下方,这样可避免 RFID 卡的丢失。

(3) 在设置 RFID 卡时建议将该 RFID 卡的编号用油漆笔标记出来,便于维护。

(4) 避免将 RFID 卡设置于重型设备碾压的位置。

(5) 建议在铺设磁条后,画出磁条的大致线路,并将线路上的 RFID 卡的编号加以记录。

图 10.8 RFID 写卡器

2. RFID 卡的写卡方法

要将 AGV 小车停车点信息写入地标卡中就要用到 RFID 写卡器。如图 10.8 所示,本书采用的 RFID 写卡器(带 USB 线)为 125 KB 的 RPD-A05,该写卡器只能读/写并封装 EM4305 芯片的卡片。

(1) 写卡步骤如下。

步骤一:安装驱动。第一次使用写卡器时需在计算机上安装 USB 驱动,然后解压"低频 RFID 写卡软件"文件夹中的 USB Driver. rar 文件,选择默认选项,完成驱动安装。

步骤二:打开软件。用 USB 线将写卡器连接到计算机,打开"低频 RFID 写卡软件"文件夹中的"RPD-A05",软件界面如图 10.9 所示。

步骤三:连接端口。选择合适的通信端口,将 AGV 小车与写卡器连接。连接成功后,蜂鸣器会响一声。

步骤四:写卡操作。把数据填入输入框,点击"Write",若数据写入成功蜂

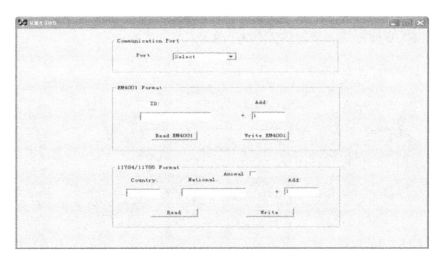

图 10.9　RPD-A05 软件界面

鸣器会响一声,若数据写入失败蜂鸣器会响两声。

若想进行读卡操作,只需点击"Read"即可将写入的数据读出。

(2) RFID 卡的写卡说明。

单驱动 AGV 小车,一般使用双向卡;双驱动 AGV 小车可使用双向卡、正向卡、反向卡。

无论写正向卡、反向卡,还是双向卡,写卡时"国家代码"项(Country)和"国内识别码"项(National)填写相同的值(0 号地标除外)。使用 0 号地标时"国家代码"项填写 999,"国内识别码"填写 0。

双向卡、正向卡、反向卡写卡时有如下区别。

① 双向卡写卡:国家代码和国内识别码均直接填写地标号的值。例如写 3号地标,则应填写的值为 3,如图 10.10 所示。

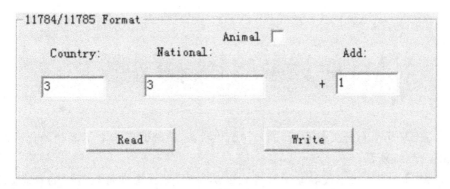

图 10.10　双向卡写卡界面

② 正向卡写卡:国家代码和国内识别码填的值均为"地标号＋256"。例如写正向 3 号地标,则应填写的值为 259,如图 10.11 所示。

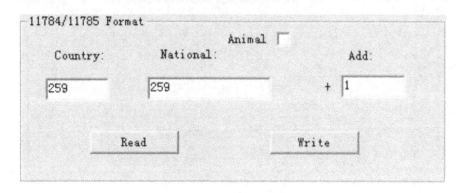

图 10.11 正向卡写卡界面

③ 反向卡写卡:国家代码和国内识别码填的值均为"地标号＋512"。例如写反向 3 号地标,则应填写的值为 515,如图 10.12 所示。

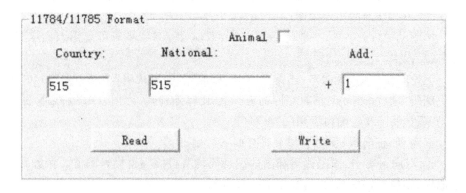

图 10.12 反向卡写卡界面

10.4 AGV 小车系统设定

AGV 小车总开关打开后,进入初始化状态,持续时间为 2 s,其初始化界面如图 10.13 所示。

随后,AGV 小车液晶显示屏进入默认界面,显示未准备运行时的状态,如图 10.14 所示。

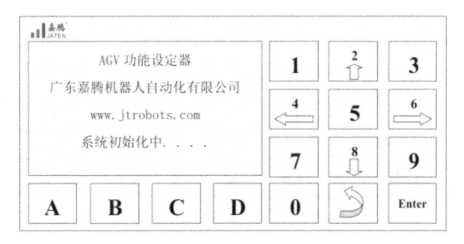

图 10.13　AGV 小车初始化界面

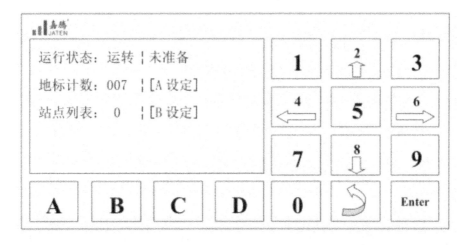

图 10.14　AGV 小车默认界面

按准备运行按钮才能启动 AGV 小车,图 10.15 显示 AGV 小车已经处于准备运行状态,可按正向启动或反向启动按钮使 AGV 小车运行。

进入用户确认界面,如图 10.16 所示。输入密码后按"Enter"进入 AGV 小车功能菜单界面,如图 10.17 所示;若输入错误则按"D"清除后进行重试。

按"2"和"8"可上下移动光标,以选择不同的功能,按"Enter"进入相应功能界面,按 ↵ 返回上级菜单。表 10.2 所示为 AGV 小车功能菜单界面说明。

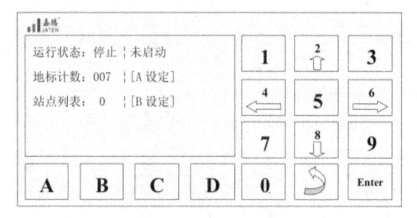

图 10.15 AGV 小车准备运行状态

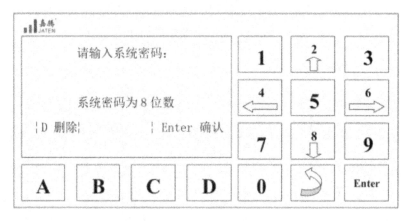

图 10.16 AGV 小车用户确认界面

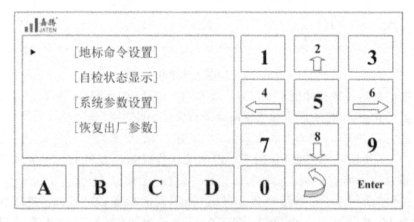

图 10.17 AGV 小车功能菜单界面

表 10.2　AGV 小车功能菜单界面说明

主 界 面	说　　明
［地标命令设置］	AGV 小车的地标设置
［自检状态显示］	检测 AGV 小车的工作状态
［系统参数设置］	设置 AGV 小车的速度、传感器参数等
［恢复出厂参数］	恢复所有的出厂设置参数

注：详细的设置可参考相应的嘉腾 AGV 小车说明书。

10.5　AGV 小车操作及呼叫控制方式

在本生产线中，一共设置了 4 个 AGV 小车的停车工位，分别是智能仓库工位、减速机装配工位、法兰装配工位、线缆套装配工位。PLC 总控对 AGV 小车的调度控制采用了无线通信方式。

AGV 小车和 MFIO 通信盒进行无线通信，PLC 总控和 MFIO 通信盒则通过物理 I/O 端口连接，如图 10.18 所示。

图 10.18　AGV 小车、MFIO 通信盒及 PLC 总控的连接

每个 MFIO 通信盒与 PLC 有两个交互信号，MFIO 输入信号呼叫 AGV 小车至下个工位，MFIO 输出信号为 AGV 小车到达工位信号。

如图 10.19 所示，从接线图上我们可以看到，总控 I1.0～I1.3 为接收 AGV 小车位置的输入信号端；Q1.0～Q1.2 则为控制 AGV 小车运行的输出信号端。

例如，当前 AGV 小车处于智能仓库位，MFIO 信号盒接收到 AGV 小车信号，并反馈到 I1.0 端口；当 PLC 总控要使 AGV 小车运行（如希望 AGV 小车运行到减速机装配工位）时，只需要输出信号到 Q1.1，MFIO 信号盒则会发送 AGV 小车运行至减速机装配工位的触发信号，使 AGV 小车启动。

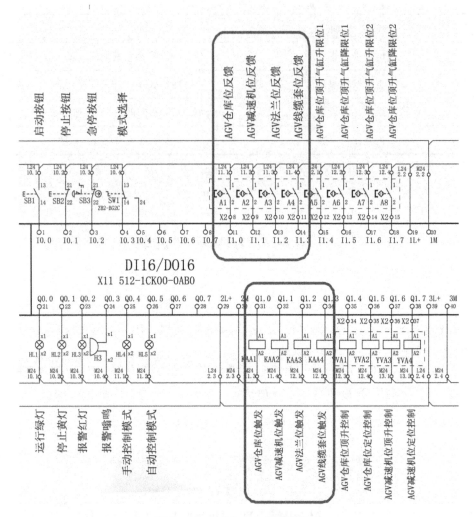

图 10.19　AGV 小车信号接线图

10.6　PLC 总控对 AGV 小车的单点呼叫

本生产线上共有 4 个 AGV 小车的停车点。分别为 1＃智能仓库位、2＃减速机装配位、6＃法兰装配位、8＃线缆套装配位。每一个装配位有一个触发信号端（Q1.0～Q1.3）和接收位置的反馈信号端（I1.0～I1.3）。

下面通过 8＃线缆套装配工作站的 PLC 总控控制过程进行说明。图 10.20

所示为 8♯线缆套装配工作站 AGV 小车 PLC 程序。

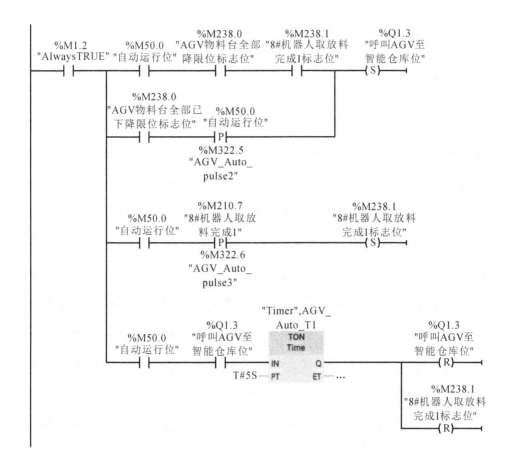

图 10.20 线缆套装配工作站 AGV 小车 PLC 程序

PLC 总控呼叫 AGV 小车至智能仓库位存在以下两种情形。

（1）当生产线启动、AGV 小车不在智能仓库位时，通过自动运行位 M50.0 置位来呼叫 AGV 小车至智能仓库位。

在程序中，当生产线上电时，生产线处于自动运行状态，M50.0 接通；AGV 小车物料台已全部下降复位，M238.0 接通，智能仓库位 Q1.3 置"1"，AGV 小车触发运行到智能仓库位。图 10.21 所示为呼叫 AGV 小车至智能仓库位情形（1）的 PLC 程序。

（2）8♯线缆套装配机器人取工件至暂存台后，呼叫 AGV 小车至智能仓库位。8♯机器人放料完成，M210.7 信号接通，M238.1 先 S 置"1"；同时生产线处于自动运行状态，M50.0 接通；AGV 小车物料台已全部下降复位，M238.0

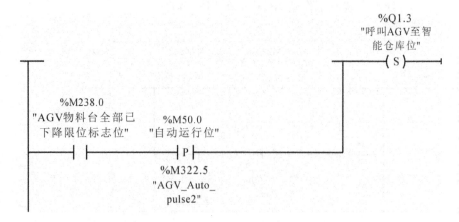

图 10.21　呼叫 AGV 小车至智能仓库位情形(1)的 PLC 程序

接通,智能仓库位 Q1.3 置"1",AGV 小车触发运行到智能仓库位。图 10.22 所示为呼叫 AGV 小车至智能仓库位情形(2)的 PLC 程序。

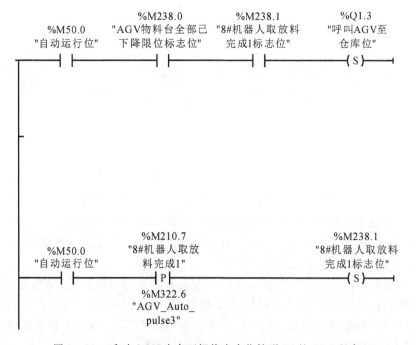

图 10.22　呼叫 AGV 小车至智能仓库位情形(2)的 PLC 程序

最后,触发信号在置"1"5 s 后复位,确保 AGV 小车信号的稳定性,如图 10.23所示。

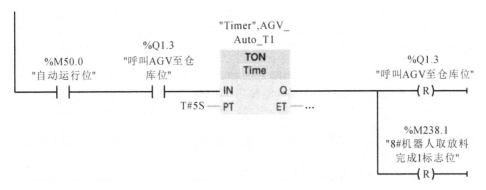

图 10.23　触发信号 PLC 程序

10.7　AGV 小车的维护

1. AGV 小车电池的维护

图 10.24 所示为 AGV 小车所使用的电池（2 组，DC24V）。AGV 小车电池的维护主要从以下方面进行介绍。

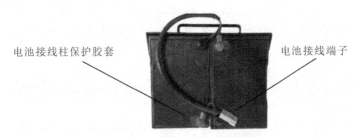

图 10.24　AGV 小车所使用的电池

1）何时更换电池

在 AGV 小车的操作控制面板上有一个电量计，分 10 格显示，高 5 格显示为绿色，中间 3 格显示为黄色，低 2 格显示为红色。当 AGV 小车剩余电量在 50% 或以上时显示为绿色；当 AGV 小车剩余电量为 21%～49% 时显示为黄色；当 AGV 小车剩余电量为 1%～20% 时显示为红色。应在电量显示为黄色时更换电池，显示为红色时必须更换电池，否则 AGV 小车的部分功能将无法正常实现。

2）更换电池的方法

（1）将 AGV 小车电源总开关关闭。

（2）将空的电池推车推至 AGV 小车电池口，拔掉电池的连接线，将电池从小车电池箱中拉出，再将电池推车推至充电处，接上充电器（有防呆）即可。

（3）将已充满电的电池推车推至 AGV 小车电池口，接上电池连接线（有防呆），然后将电池推入 AGV 小车电池箱中即可。

（4）将 AGV 小车电源总开关按下，观察电池是否满电，电量计显示为绿灯并为最大值的时候表示电池满电。

3）电池的安装方法

把电池推车推至需要更换电池的 AGV 小车旁边，把电池的电极与 AGV 小车的电极对接上。然后，一个人把推车向后仰起，另外一个人把电池推进 AGV 小车的电池箱（因为电池比较重，为确保安全，必须两个人合作）。最后收起充电线。

4）电池充电注意事项

（1）充电应使用指定的充电器。

（2）充电应进行到充电完毕为止。如果提前终止充电，会缩短电池的使用寿命。

（3）对于已经充满电的电池，不要连续反复地充电，如果对充满电的电池反复地充电，会因过度充电而加快电池的劣化速度。

（4）充电持续时间不要超过 24 h。如超过 24 h，会加快电池的老化速度。

（5）避免在阳光直射的地方充电，以免电池温度上升过快导致其性能受损。

（6）禁止在散热不佳的场所进行充电。

（7）应及时充电，避免在电量不足时过度使用导致电池性能受损。

5）电池维护

（1）按下 AGV 小车电源总开关，启动 AGV 小车时，必须先检查 AGV 小车的电量计是否显示为绿色。

（2）当出现电量计不显示、电量计显示为黄色或者为红色时，需及时更换电池。

（3）使用一个月后必须对每个电池（处于满电状态下）的电压进行检测，保证每个电池的电压在 12 V 以上，两串联后的电池总电压要在 24 V 以上。（必须由专业人员进行操作。）

（4）不应有任何金属物质存留在电池表面，以防电池正负电极直接接触造成电池短路，引发火灾事故。

2. AGV 小车的日常保养

AGV 小车的日常保养如表 10.3 所示。

表 10.3　AGV 小车的日常保养

编　号	保养项目	保养标准	保养方式
1	脚轮	清洁、无螺钉等尖锐物插入脚轮中	目测
2	AGV 小车车体	清洁、无油污性质的物品粘在车体上	目测
3	电池接线柱	无松动及接触不良,能有效连接电池	目测及手触
4	AGV 小车按钮功能	能正常按动,无按动不复位的现象	目测及手触
5	驱动功能	能正常升起和降下	目测及手触
6	磁条	无断裂及严重毁损,能正常导航 AGV 小车	目测
7	三色灯	能正确显示 AGV 小车的当前状态	目测
8	RFID 卡片	无丢失、损坏,能给 AGV 小车提供正常的地标标记	目测及 AGV 小车运行测试
9	电源开关	接线柱无松动、接触不良,能正常断开和接通电源	目测及手触
10	电量计	能正常显示电池电量	目测
11	急停按钮	按下时 AGV 小车能紧急停止	目测及手触
12	红外避障传感器	能有效避障,能有效起到安全保护作用	目测

第11章 总控电柜组装调试

11.1 总控电柜组成

总控电柜包括斜台柜和倍速链控制柜,如图 11.1 所示。斜台柜由微型断路器、直流电源、西门子 S7-1500PLC、输入/输出模块、触摸屏、接触器、热继电器等电气元器件组成。

11.2 生产线整机电气系统

图 11.2 所示为生产线整机电气原理图。

本生产线使用 Profinet 总线串接,并根据远程站位置分配 IP 地址,由总控PLC 进行整体控制。图 11.3 所示为 1♯工作站的总线连接。

11.3 触摸屏总控界面简介

如图 11.4 所示,触摸屏总控界面能监视传感器、倍速链电动机和机器人等设备状态,比如各工位行程开关和升降气缸升降限位状态、AGV 小车触发位和反馈位状态、倍速链上下层电动机和左右升降机传感器状态、机器人使能加载程序等初始化功能状态和机器人各动作编码情况、AGV 小车出仓次数设置,等等。

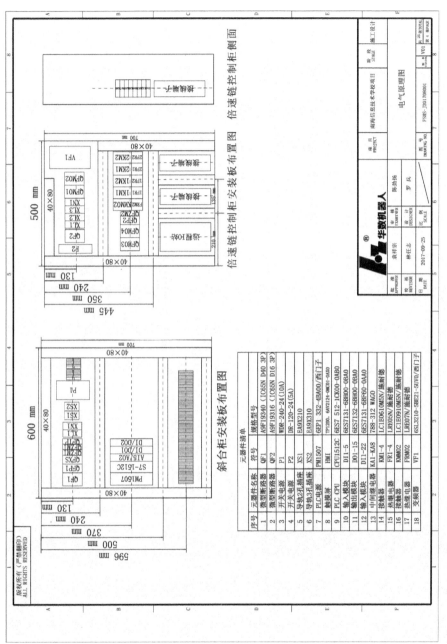

图 11.1　总控电柜结构图

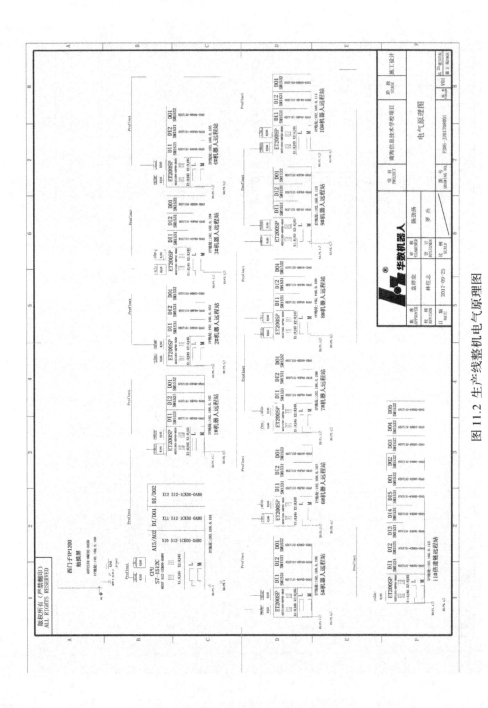

图 11.2 生产线整机电气原理图

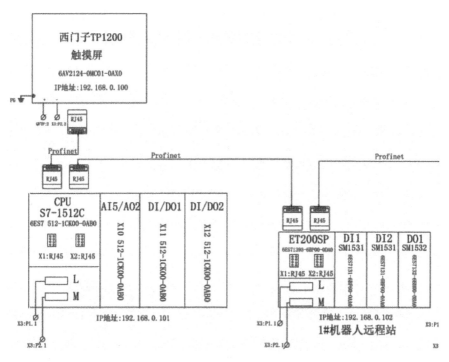

图 11.3 1#工作站总线连接

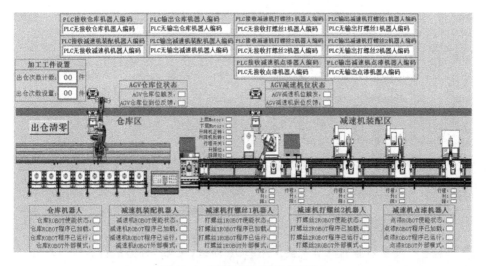

图 11.4 触摸屏总控界面(部分)

11.4 变频器的操作及应用

1.变频器接线图

本生产线采用两台西门子 V20 变频器来驱动上层两台 1.5 kW 三相异步电动机。如图11.5所示,通过 PLC 控制 DI1 启动变频器、DI2 复位变频器故障、DO1 输出变频器运行信号、DO2 输出变频故障信号。

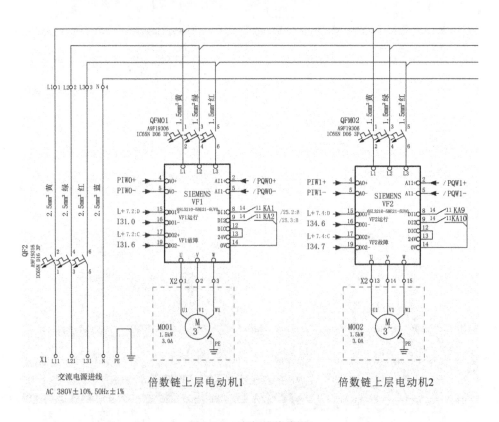

图 11.5 变频器接线图

2.内置 BOP 介绍

本生产线变频器的调节主要采用 BOP 面板(见图 11.6)进行。

(1) 变频器 BOP 面板上各按键及其功能如表 11.1 所示。

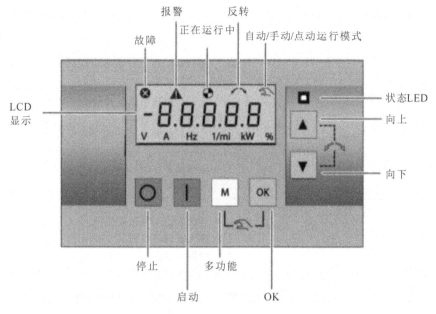

图 11.6　变频器 BOP 面板

表 11.1　变频器 BOP 面板上各按键及其功能

按　键	功　　能
	停止变频器
○	单击：OFF1 停车方式:电动机按参数 P1121 中设置的斜坡下降时间减速停车。 例外情况:此按键在变频器处于"自动"运行模式且由外部端子或 RS485 上的 USS/MODBUS 控制（P0700＝2 或 P0700＝5）时无效
○	双击(＜2 s)或长按(＞3 s)：OFF2 停车方式:电动机不采用任何斜坡下降时间,按惯性自由停车
I	启动变频器 若变频器在"手动/点动/自动"运行模式下启动,则显示变频器运行图标。 例外情况:此按钮在变频器处于"自动"运行模式且由外部端子或 RS485 上的 USS/MODBUS 控制(P0700＝2 或 P0700＝5)时无效

按　键	功　能	
	多功能	
M	短按(<2 s) 长按(>2 s)	(1) 进入参数设置菜单或者转至设置菜单的下一界面; (2) 就当前所选项重新开始按位编辑; (3) 返回故障代码显示界面; (4) 在按位编辑模式下连按两次即返回编辑前界面; (5) 返回状态显示界面; (6) 进入设置菜单
OK	短按(< 2 s)	(1) 在状态显示数值间切换; (2) 进入数值编辑模式或换至下一位; (3) 清除故障; (4) 返回故障代码显示界面
	长按(> 2 s)	(1) 快速编辑参数号或参数值; (2) 访问故障信息数据
	手动/点动/自动	
M + **OK**	该组合键在不同运行模式间切换: (说明:只有当电动机停止运行时才能启用点动模式。)	
▲	当浏览菜单时,按下该按键即向上选择当前菜单下可用的显示界面; 当编辑参数值时,按下该按键增大数值; 当变频器处于运行模式时,按下该按键增大速度; 长按(> 2 s)该按键快速向上滚动参数号、参数下标或参数值	

按　键	功　　能
▼	当浏览菜单时,按下该按键即向下选择当前菜单下可用的显示界面; 当编辑参数值时,按下该按键减小数值; 当变频器处于运行模式时,按下该按键减小速度; 长按(＞ 2 s)该按键快速向下滚动参数号、参数下标或参数值
▲ ＋ ▼	使电动机反转。按下该组合键一次启动电动机反转,再次按下该组合键撤销电动机反转。变频器上显示反转图标(↶),表明输出速度与设定值相反

例如,设置变频器 P0304 参数操作:按 [M] 键,显示 P0304 界面,按 [▲] [▼] 键选择需要设置的参数,按说明书设置好参数后,按 [OK] 保存;长按 [M] 2 s,返回至初始界面。

(2) 当变频器 BOP 面板上的指示灯亮起时,表示变频器处于不同的状态,如表 11.2 所示。

表 11.2　变频器 BOP 面板各指示灯及其含义

指　示　灯	含　　义	
✖	变频器存在至少一个未处理故障	
⚠	变频器存在至少一个未处理报警	
◑	◐	变频器在运行中(电动机转速可能为 0)
	◐ 闪烁	变频器可能被意外上电(例如霜冻保护模式时)
↶	电动机反转	
✋	✋	变频器处于"手动"运行模式
	✋ 闪烁	变频器处于"点动"运行模式

（3）变频器 BOP 面板上只有一个 LED 状态指示灯。此 LED 指示灯可显示橙色、绿色或红色。

如果变频器同时存在多个状态，则 LED 指示灯按照以下优先级顺序显示：①参数克隆；②调试模式；③发生故障；④准备就绪（无故障）。表 11.3 所示为变频器各状态与对应的 LED 指示灯颜色和状态。

例如，如果变频器在调试模式下发生故障，则 LED 指示灯以 0.5 Hz 的频率呈绿色闪烁。

表 11.3　变频器各状态与对应的 LED 指示灯颜色和状态

变频器状态	LED 指示灯颜色	LED 指示灯状态
上电	橙色	
准备就绪（无故障）	绿色	
调试模式	绿色，以 0.5 Hz 缓慢闪烁	
发生故障	红色，以 2 Hz 快速闪烁	
参数克隆	橙色，以 1 Hz 闪烁	

（4）屏幕显示。变频器 BOP 面板的屏幕信息、显示及含义如表 11.4 所示。

表 11.4　屏幕信息、显示及含义

屏幕信息	显示	含义
"in×××"	in001	参数下标
十六进制数字	E631	十六进制格式的参数值
"b×××"	b06 0　位号　信号状态：0: 低　1: 高	二进制格式的参数值

屏幕信息	显　示	含　义
"F×××"	F395	故障代码
"A×××"	A930	报警代码
"Cn×××"	Cn001	可设置的连接宏
"-Cn×××"	-Cn011	当前选定的连接宏
"AP×××"	AP030	可设置的应用宏
"-AP×××"	-AP010	当前选定的应用宏

3. 生产线变频器设置

根据本生产线的操作要求,变频器部分参数设置如表 11.5 所示。(其余参数设置见变频器说明书。)

表 11.5　变频器部分参数设置

参　数	说　明	参　数	说　明
P700＝2	选择数字量命令源;设置为2,通过变频器 DI 端子控制变频器启动	P1000＝1	频率设定值选择,设置为1表示频率 MOP 面板设定
P701＝1	数字量输入 1 功能,设置为1表示变频器正向启动	P1060＝5	斜坡上升时间设置
P702＝9	数字量输入 2 功能,设置为9表示故障确认	P1061＝5	斜坡下降时间设置

图 11.7 所示为变频器参数设置步骤。

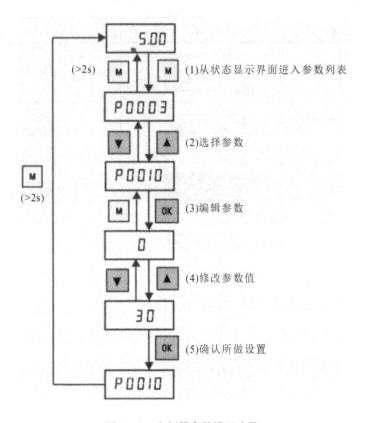

(>2s)　(1)从状态显示界面进入参数列表

(2)选择参数

(3)编辑参数

(4)修改参数值

(5)确认所做设置

(>2s)

图 11.7　变频器参数设置步骤

11.5　PLC 总控程序

（1）程序框架。

如图 11.8 所示，本生产线 PLC 总控的程序主要分为八大部分，总体由主程序 main 控制调用。其中，PLC 总控与机器人的数据交换与处理主要由 Robot_Auto FC6 与 Robot_take FC8 负责，包括接收机器人的编码信息并经处理后向机器人反馈允许执行动作等信号。

机器人与 PLC 总控的通信主要使用的是机器人的编码/解码功能（关于机器人的编码/解码功能可参考本书前述章节）。

例如，在电气原理图中我们可以看到，1♯工作站的编码/解码端口如表

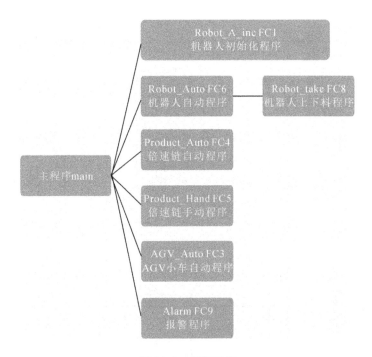

图 11.8　程序框架

11.6所示,对应的电气原理图如图 11.9 所示。

表 11.6　1#工作站的编码/解码端口

机器人	PLC 总控
编码端口	
X1.0	Q5.0
X1.1	Q5.1
X1.2	Q5.2
X1.3	Q5.3
解码端口	
Y1.3	I5.1
Y1.4	I5.2

(2) 基于编码/解码的使用,1#工作站的机器人动作流程如图 11.10 所示。

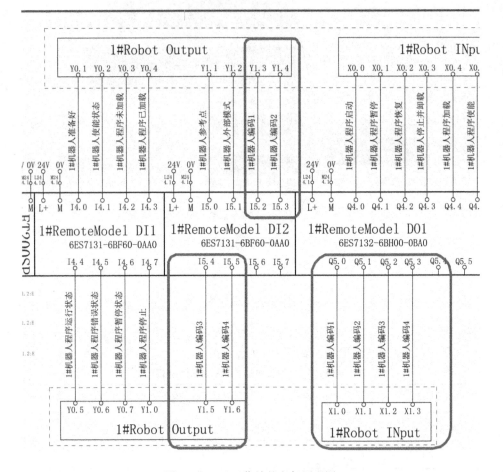

图 11.9　1#工作站的电气原理图

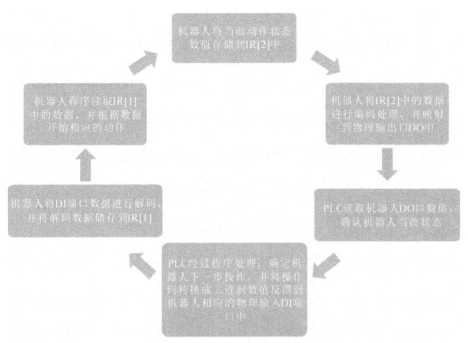

图 11.10　1#工作站机器人动作流程